JN297462

わかりやすい
環境振動の知識

Environmental Vibration

後藤剛史・濱本卓司 共著
イラスト：藤田謙一

鹿島出版会

はじめに

　一日の仕事を終え、夕食後、ロックグラスを片手にロッキングチェアーに腰を沈め、揺られながらテレビ放映を鑑賞するのは正に至福の一時といえる。爽やかな木漏れ日の下でハンモック上で揺られながら読書や昼寝をするのも快適そのものである。時には疲労した身体をマッサージ器の上に横たえて揉まれる振動もまた心地よい。このように自らの意志によって制御された振動には有り難ささえ感じることがある。また、工業的にも、品物の分別、搬送、さらには加工などにおいて、振動は適正に制御され大いに利用されている。しかし、自分の意志とは無関係に加えられる振動には色々と弊害を伴う場合が多い。

　静穏な建物内で日常生活を過ごしている時、振動を感じることがある。そうした時、この振動はいったい何だろうと気になる。振動がそれ以上に継続することなく、地震、車両の通過、あるいは脱水機等がその原因であることがわかれば、それなりに納得し落ち着くことができる。しかし、振動がさほど大きくなくても、原因がわからないままに継続したりすると気になり始め、それまで順調に続けていた行為が滞ったり、集中を欠いてしまったりすることになる。こういうことは誰しもが経験しているはずである。

　振動の種類や大きさによっては、単に知覚の範囲に留まらず、実害に及ぶことも生じる。高速道路の近くに建つ鉄筋コンクリート7階建て共同住宅で、窓台に置かれた水盤の水表面から反射した太陽光が天井を駆け巡るのを見て、振動感覚より視覚に及ぼす影響の大きさに愕然としたことがある。広告やポスターの写真撮影を専門とするスタジオを幹線道路沿いで営みたいと考えた施主が、その用途の旨を伝えて設計施工の下に建設会社に新築を依頼したことがあった。それが鉄骨造として竣工した時、振動によってカメラの絞りを開放して撮影する作業ができないことがわかり、撮影スタジオとしては使用できない建物になってしまった。その結果、建設費の支払い拒否から係争に至るという施主・建設会社双方にとって不幸な結末に至った例もある。

　私たちの身の周りで発生する振動、すなわち「環境振動」によるこうした事例は枚挙に暇がなく、影響の大きさは多岐にわたる。それらを大きく整理してみると、以下のようにまとめられる。

環境振動に起因する諸事象
　　心理的　　：原因探り、気が散る（集中阻害）、不快、受容限界、etc.
　　生理的　　：めまい、酔い、意欲低下、食欲減退、不眠、愁訴、etc.
　　行為　　　：正確性の低下・喪失、能率低下、etc.
　　行動　　　：作業効率低下、行動性の低下、避難支障、etc.
　　事象　　　：陰影の動き、反射光の運動、不快音の発生、etc.
　　物的　　　：書籍・食器等のずれ・移動、家具・什器・建具の運動（がたつき）、etc.
　　商品・生産：粗悪品、製品歩留まり低下、生産性低下、生産不能、営業停止、etc.
　　建築的　　：固定の緩み、部材・部位の変形・剥離・剥落、ひびわれ、破壊、etc.
　　環境的　　：環境悪化、マイナスイメージ、不動産価値の低下、etc.
　　社会的　　：勧告、規制、近隣不和、係争、経済（金銭）負担、etc.

　このような事象がわが国で特に顕著になってきたのは1960年代である。この状況を背景に、日本建築学会において、生活や建物に関わるこうした振動に取り組むべき機運が高まり、やがて新規に委員会が設置されることになった。それが、現在、常設研究委員会として設置されている環境振動運営委員会*である。建築学会における研究領域としては後発の専門領域である。それだけに未だ一般的流布も十分とは言えない。
　以上のようなことから、本書は建築学会での委員会活動にも触れながら、生活と直結する「環境振動」という専門領域で対象とする内容を一般の方、学生、さらには同門を目指そうとする研究者の方々により良く理解していただき、静穏で快適な生活環境の創造に役立てていただくことを期している。
　この様な意図のもとに、内容構成は振動に対する人体反応を中心に据え、長時間過ごすことになる建物内部の振動状況と、それを取り巻く振動源あるいは伝搬経路としての建物外部・内部の振動環境の解説を展開している。「環境振動」は、特に多種多様な建物が稠密に立ち並び人間活動が活発に展開される都市部において深刻な問題を引き起こしやすい。このため、建物単体だけでなく建物群としての「環境振動」についても言及している。

　*　本書では、これ以降「環境振動委員会」と略称で示す。

目　次

はじめに

1章　環境振動とは —— 17

1.1　建築と環境振動……17
1.2　環境と居住性……17
1.3　無感振動と有感振動……19
1.4　現象、知覚、判断……20
1.5　建物外部の振動環境……21
1.6　建物内部の振動環境……22
1.7　環境工学と構造工学の融合……23
1.8　環境振動マトリクス……24
1.9　本書の構成……26

2章　物理現象としての振動 —— 29

2.1　振動の表現……29
2.2　振動の振幅軸……31
　（1）変位、速度、加速度、加加速度……31
　（2）ピーク値、最大値、実効値、波高率……31
　　（a）ピーク値……31
　　（b）最大値……32
　　（c）実効値……32
　　（d）波高率……33
　（3）振動加速度レベル（VAL）……33
2.3　振動の時間軸……34
　（1）時間特性……34
　（2）周波数特性……35
　　（a）フーリエ解析……36

　　　　（b）オクターブバンド分析……36
　　（3）時間—周波数特性……37
　　（4）発生頻度……38
　　（5）継続時間……38
2.4　波形による分類……39
　　（1）連続振動……39
　　（2）間欠振動……40
　　（3）衝撃振動……40
　　（4）不規則かつ大幅に変動する振動……40

3章　振動を感じる人体のメカニズム── 41

3.1　皮膚感覚受容器……41
　　（1）マイスナー小体……41
　　（2）パチニ小体……42
　　（3）メルケル触板……42
　　（4）ルフィニ小体……43
3.2　平衡感覚器官……43
　　（1）耳石器……44
　　（2）三半規管……44
3.3　神経回路と脳……44
3.4　振動知覚に寄与するその他の器官……45
　　（1）視覚……45
　　（2）聴覚……46
　　（3）筋・腱感覚……46

4章　振動の心理的、生理的、実務・社会的影響── 47

4.1　心理的影響……47
　　（1）情緒的被害……47
　　（2）精神集中障害……47

（3）心理的影響の評価方法……48
　　　　　（a）振動台実験……48
　　　　　（b）居住者反応調査……48
4.2　生理的影響……50
　　（1）休息・睡眠妨害……50
　　（2）頭痛・胃腸障害……51
　　（3）動揺病……52
　　（4）白蝋病……52
　　（5）マッサージ効果……53
4.3　生活空間への影響……53
4.4　実務・社会的影響……54
　　（1）作業効率……54
　　（2）生産効率……54
　　（3）環境の悪下……55
　　（4）苦情・訴訟等の社会的反応……55

5章　振動感覚特性の定量化── 57

5.1　姿勢と振動方向……57
5.2　振動感覚補正……59
　　（1）ISO2631-1（1997）における感覚補正特性……59
　　（2）ISO2631-2（2003）における感覚補正特性……59
　　（3）振動規制法（1976）における感覚補正特性……60
5.3　振動感覚補正の評価法……62
　　（1）ISOにおける評価法……62
　　（2）振動規制法における評価法（振動レベル：VL）……62
5.4　振動暴露……63
　　（1）振動暴露時間……63
　　（2）振動暴露量……63

6章 多様な振動源——65

- **6.1 人工振動源—外部**……65
  - (1) 交通振動……65
    - (a) 道路交通……65
    - (b) 鉄道……68
  - (2) 工場……68
    - (a) 液圧プレス……69
    - (b) 機械プレス……69
    - (c) せん断機……69
    - (d) 鍛造機……70
    - (e) 圧縮機……70
  - (3) 建設工事……70
    - (a) バックホウ……70
    - (b) ブレーカー……70
    - (c) 圧砕機……71
    - (d) 杭の引き抜き……71
  - (4) 発破振動……71
  - (5) 群集振動……72
- **6.2 人工振動源—内部**……72
  - (1) 人間の動作……72
    - (a) 歩行・小走り……72
    - (b) エアロビクス……72
    - (c) コンサートの「たてのり」……72
    - (d) スタジアムの応援……74
  - (2) 設備機器……74
    - (a) エレベーター・駐車場設備……75
    - (b) 空調設備・排煙設備……75
    - (c) 給排水設備……75
    - (d) ボイラー設備……75
    - (e) 洗濯機……75

6.3　自然振動源……76
　(1)　風……76
　(2)　地震……78
　(3)　波浪……79

7章　建物までの振動伝搬── 81

7.1　地盤……81
　(1)　伝搬速度……81
　　(a)　粗密波……83
　　(b)　せん断波……83
　　(c)　レーリー波……83
　(2)　距離減衰……83
　(3)　卓越振動数……84
　(4)　軟弱地盤……84
　(5)　マンホール……85
7.2　空気……85
　(1)　微気圧波……86
　(2)　ソニックブーム……86
　(3)　低周波音・超低周波音……86
7.3　水……86

8章　建物の中の振動伝搬── 89

8.1　基礎構造の振動……89
　(1)　基礎の種類……89
　(2)　基礎と地盤の相互作用……91
8.2　上部構造の振動……92
　(1)　上部構造の分類……92
　(2)　躯体の振動特性……93
8.3　床の振動……94

（1）重量床と軽量床……94
　　　　（a）鉄筋コンクリート造床……94
　　　　（b）鉄骨造床……94
　　　　（c）木造床……95
　　（2）床の加振実験……95
　　　　（a）重錘落下……95
　　　　（b）かかと衝撃……95
　　　　（c）床衝撃発生器……95
　　　　（d）バングマシン……95
　　　　（e）歩行・小走り……95
　　　　（f）起振機……96
8.4 振動規制法における建物振動の扱い……96

9章 振動の計測── 97

9.1 環境振動計測の流れ……98
　　（1）計測計画……98
　　（2）センサの点検とキャリブレーション……98
　　（3）計測機器の設置……99
　　（4）データ解析……100
　　（5）後処理……100
9.2 加速度センサ……100
　　（1）加速度センサの種類……100
　　　　（a）圧電型センサ……101
　　　　（b）動電型センサ……101
　　　　（c）ひずみゲージ型センサ……102
　　　　（d）静電容量型センサ……102
　　　　（e）サーボ型センサ……102
　　　　（f）FBG 光ファイバーセンサ……102
　　　　（g）半導体ひずみゲージセンサ……102
　　　　（h）半導体静電容量センサ……103

（2）設置位置と設置方法……104
　　　　（a）センサ設置の一般的留意点……104
　　　　（b）建物内部の振動計測……104
　　　　（c）地盤振動の計測……104
9.3　信号調整……105
　　（1）増幅器……105
　　（2）アナログフィルタ……106
　　　　（a）ハイパスフィルタ……108
　　　　（b）ローパスフィルタ……108
　　　　（c）バンドパスフィルタ……108
　　　　（d）バターワースフィルタ……108
　　　　（e）チェビシェフフィルタ……109
9.4　信号処理……109
　　（1）AD 変換……109
　　（2）周波数分析……111
　　　　（a）高速フーリエ変換……111
　　　　（b）オクターブバンド分析……114
　　　　（c）ウェーブレット変換……115
　　（3）振動暴露時間……115
　　　　（a）振動暴露量……115
　　　　（b）時間率振動レベル L_x……115
9.5　信号解析器……116
　　（1）FFT アナライザー……116
　　（2）振動レベル計……116
9.6　データベースの構築……117
9.7　環境振動計測の今後の課題……117

10章　振動の評価── 119

10.1　日本建築学会「居住性能評価指針」……121
　　（1）前（1st）指針（1991）……121

　　　　(a) 人の動作と設備機器による床の鉛直振動……122
　　　　(b) 風による高層建築物の長周期水平振動……122
　　(2) 現（2nd）指針（2004）……123
　　　　(a) 人の動作・設備機器による床の鉛直振動……125
　　　　(b) 交通による床の鉛直・水平振動……125
　　　　(c) 強風による水平振動……125
10.2 国際規格 ISO……125
　　(1) ISO2631-1（1985）……126
　　(2) ISO2631-1（1997）……127
　　(3) ISO2631-2（1989）……128
　　(4) ISO2631-2（2003）……128
　　(5) ISO6897（1984）……128
10.3 振動規制法（1976）……130
　　(1) 工場振動の規制基準値……130
　　(2) 建設作業振動の規制基準値……131
　　(3) 道路交通振動の規制基準値……131
10.4 新幹線鉄道振動（1976）……131
10.5 官庁施設の基本的性能基準及び同解説（2006）……131
10.6 振動評価の過去・現在・未来……132
10.7 環境振動評価の今後の課題……133

11章 振動の予測と同定── 137

11.1 環境振動のスペクトル表現……138
11.2 振動源の予測と同定……140
　　(1) 振動源の入力スペクトル……140
　　(2) 固定振動源と移動振動源……140
　　(3) 外部振動源の数学モデル……141
　　(4) 内部振動源の数学モデル……142
11.3 建物外部の伝搬経路の予測と同定……142
　　(1) 距離減衰の数学モデル……142

(2) 地盤増幅の数学モデル……143

　　(3) 距離減衰と地盤増幅を同時に考慮する数学モデル……144

11.4　建物内部の伝搬経路の予測と同定……144

　　(1) 建物内部の伝達関数……144

　　(2) 建物の鉛直振動の数学モデル……145

　　(3) 建物の水平振動の数学モデル……146

　　(4) 梁振動の数学モデル……146

　　(5) 床振動の数学モデル……147

11.5　予測・同定における今後の課題……147

12章　事前対策と事後対策── 149

12.1　機械・設備の振動低減……149

　　(1) 防振ゴム……150

　　(2) 金属ばね……150

　　(3) 空気ばね……151

　　(4) オイルダンパ……151

　　(5) 基礎質量……151

　　(6) 動吸収器……151

12.2　地盤の振動低減……152

　　(1) 地盤改良……152

　　(2) 防振溝……152

　　(3) 地中壁・防振柱列……153

12.3　建物の振動低減……153

　　(1) 高層建築の制振装置……153

　　　(a) チューンドマスダンパ……153

　　　(b) アクティブマスダンパ……154

　　　(c) スロッシングダンパ……154

　　(2) 免振装置……154

　　　(a) 基礎免振……155

　　　(b) 床免振……155

(c) 吊り免振……155
　　　(d) 浮き免振……155
　(3) 連結制振……156
12.4 床振動の低減……156
　(1) 床剛性……156
　(2) チューンドマスダンパ……157
12.5 振動対策の今後の課題……157

13章 環境振動の性能設計── 161

13.1 構造設計と性能設計……161
13.2 「評価指針」と「設計指針」……164
13.3 要求性能の決定……165
　(1) 居住性確保と必要経費……166
　(2) 環境振動の要求性能……166
　(3) 個人と社会の要求性能……167
　　　(a) 恕限度の設定……167
　　　(b) 個人的要求性能……167
　　　(c) 社会的要求性能……168
13.4 環境振動の「設計指針」……168
13.5 自然振動源に対する設計……170
　(1) 耐震性能との関係……170
　　　(a) 安全性と機能性……170
　　　(b) 居住性……172
　(2) 耐風性能との関係……172
　　　(a) 安全性と機能性……172
　　　(b) 居住性……173
　(3) 耐波性能との関係……174
13.6 人工振動源に対する設計……174
　(1) 外部振動源……174
　　　(a) 交通システムの建物への近接……175

　　　　（b）都市活動の 24 時間化……175
　　　　（c）都市の新陳代謝……175
　　　　（d）群衆振動……176
　　（2）内部振動源……177
　　（3）振動を受ける建物の変化……177
　　　　（a）揺れやすい建物の増加……178
　　　　（b）多目的ビルにおける問題……178
　　　　（c）建物の長寿命化による劣化……179
　　　　（d）建物の用途変更……179
　　（4）振動の感じ方の変化……182
　13.7　環境振動設計に関する国際的動向……182
　13.8　環境振動設計の今後の課題……183

14章　都市の環境振動 —— 187

　14.1　広域高密度モニタリング……189
　　（1）ワイヤレスセンサ……190
　　（2）センサネットワーク……191
　　（3）GIS によるグラフィック表示……191
　14.2　広域振動シミュレーション……192
　　（1）広域振動モデル……193
　　（2）地盤と建築のデータベース……193
　　（3）広域振動の「見える化」……193
　14.3　都市環境振動の評価と対策……194
　　（1）評価・管理基準の設定……194
　　（2）評価・管理システムの構築……195
　14.4　都市の環境振動を扱うための課題……195

15章　環境振動チェックリスト —— 199

　15.1　外部環境のチェック……199

（1）立地特性……199
　　　（2）振動源特性……201
　　　（3）地盤特性……201
　15.2　内部空間のチェック……202
　　　（1）建築用途……202
　　　（2）建築規模……202
　　　（3）行為・行動……202
　　　（4）使用機器・設備……202
　15.3　建物躯体のチェック……203
　　　（1）構造種別……203
　　　（2）構造形式……203
　　　（3）基礎形式……203
　15.4　評価方法のチェック……203
　15.5　事前・事後対策のチェック……204

◆ 付録A　**関連した問題**── 205

　A-1　微振動と嫌振機器……205
　A-2　固体伝搬音……206
　A-3　低周波音……208

◆ 付録B　**日本建築学会における委員会活動**── 209

◆ 付録C　**「環境振動シンポジウム」の全体テーマと講演タイトル**── 211

「結びにかえて」……221
索引……223
著者略歴……239

1章 環境振動とは

1.1 建築と環境振動

　一つの中心に対し物が揺れ動く現象、いわゆるある状態を周期的に繰り返す現象が**振動**である（次章詳述）。身近なところではブランコやシーソー、あるいは振り子などが視覚的にわかりやすい例である。さらに広義に捉えれば、繰り返す現象の大きさ、すなわち中心から変動する物理量（物理パラメータ）は、上記のような変位（位置）の繰り返しだけとは限らない。温度、圧力、明るさなど様々な繰り返し現象が含まれる。しかし、環境振動で対象とする振動は位置的変化である。私たちが住む建物内外では、大なり小なりの振動が常時発生している。このような私たちの生活周辺に生じている振動を扱う学問領域として位置づけられているのが「環境振動」である。

　現在、日本建築学会では、「**環境振動**」という用語を以下のように定義している[1]。

　「環境振動とは、地盤、建物など、ある広がりをもってわれわれを取り巻く境界の日常的な振動状態をいうものとする。したがって、特定の振動源単体や強い地震などは除かれるが、広義には含めてもよい。」

　初めて「環境振動」という用語が生まれたのは、日本建築学会の中にこの分野の委員会を設置することが決まった際、委員会の名称を「振動環境」とするか、「環境振動」とするかについての議論がなされた時である[2]。この時、最終的に、大地震のような非常時の振動を扱う委員会ではなく、居住者を中心とする日常生活を取り巻く振動を扱う委員会として明確に位置づけようということで議論がまとまり、委員会名称として「環境振動」が採用された。それから30年を経た現在、「環境振動」という用語はすでにわが国の社会にしっかりと定着し、国際的にも広く認識されている。

1.2 環境と居住性

　環境という言葉は余りにも漠然としており、単独では使用できないほどの広

がりをもっている。そのため一般には環境という用語を用いる場合、限定した範囲を示す名称を前に添えて用いる。例えば、地球環境、海洋環境、都市環境、建築環境、温熱環境、あるいは空気環境というような用い方となり、それぞれに範囲を限定した環境を取り扱うことになる。すなわち、前置語に関わる環境を意味することになる。それに対し、「環境工学」や「環境振動」の「工学」や「振動」は環境に関わる後置語のニュアンスとなる。

　こうした場合、本書の専門領域は建築であるので、ここでの環境とは中心に人間の生活が据えられることになる。したがって、強いて前置語を添えて絞り込むならば、**居住環境**が相応しく、生活を取り巻くあらゆる外部条件を含むことになる。居住環境を対象として理想的な条件を検討するための用語として**居住性**が用いられる[3]。そのような観点から、国連の委員会では、居住性に関する必要かつ十分な条件として、①**安全性**、②**機能性**、③**保健性**、④**快適性**の4項目を挙げている[4]。対応策などを検討する際、環境では余りにも漠然としていて具体的イメージに繋がりにくいが、居住性を踏まえて対応付けることにより相互関係を絞ることができる。例えば、「まえがき」において示した環境振動に起因する諸事象を大まかながら①〜④の居住性条件と対応づけると**表1-1**のように整理することができる。すなわち、環境振動を居住性に立脚して整理することにより、対象、対策、対処目的などがかなり具体的な対応関係で位置づけられ理解しやすくなる。

表1-1　居住性と環境振動としての対象項目

居住性条件	対　象　事　象	環境振動対象項目
安全性	①家具、二次部材の損傷 ②構造破壊*	家具、什器類の転倒、破損 ひび割れ、構造強度*
機能性	①家事、作業などへの影響 ②行為・行動への支障	能率低下、作業精度 時間の浪費、歩行、昇降、避難能力
保健性	①心理的障害 ②生理的症状	不眠、煩わしさ、 疲労、頭痛、動揺病、白蝋病
快適性	①狭義：知覚の除去 ②広義：安全性・保健衛生性、機能性など全ての要素が確保された場合の総合的な快適性 ③その他：積極的な快感	無知覚閾 振動感覚 満足感 マッサージ リフレッシュ

＊主として構造領域の対処項目

以上の観点から、本書では環境振動を取り扱う際、論じる対象、取り扱う方法、さらには対象の範囲規模などに応じて「環境」あるいは「居住性」を適宜使い分けて使用している。

1.3　無感振動と有感振動

いま、本書を読み始めた読者が建物の中の一室にいるとしよう。窓から見える木々が風に揺らいでいても、それが室内の振動として感じられることはまずない。近くを乗用車が通っても、その振動が気になることもほとんどない。あるとすれば、ときおり通過するトラックやバスのような大型車の時ぐらいである。しかし、室内に感度の良い振動センサを置いて振動を計測してみると、人体には感じなくても振動は常に生じていることが確認できる。振動には人体に感じられる振動と感じられない振動がある。前者を**有感振動**あるいは**体感振動**、後者を**無感振動**という。

身体的には無感振動であっても精密機器などの機能障害を引き起こす**微振動**（**付録A-1参照**）があり、このような振動は製品の生産性への影響から環境振動に含められる。しかし、本書では主な対象を人体への影響、すなわち体感振動に絞ることにする。したがって、対象とする振動の大きさの最小値は振動を感じるか感じないかの限界値、すなわち**知覚限界**（知覚開始限界）ということになる。この知覚限界の揺れがどのくらいの振動かといえば、1996年に計測震度が取り入れられる以前の震度階級において、震度1が「静止している人や特に注意している人だけに感じられる」揺れなので、その程度の揺れと考えておけばよい。加速度（**2.2(1)** 参照）でいえば$0.01m/s^2$ぐらいである。建物の中で「気になる振動」、「不快な振動」、「我慢のできない振動」、「不安を生じる振動」、「作業の支障になる振動（精密機器を除く）」、「歩行が困難になる振動」、「身体に悪影響を及ぼす振動」などは、いずれも知覚限界を超えた振動である。なお、これらの反応は全身が振動に暴されている全身暴露振動の場合であり、ドリルや電動鋸などを握っている手などに加わるような部分的振動は含んでいない。なお、直接的には振動として知覚できないのに、家具や建具のビビリやがたつきにより間接的に知覚を誘発する振動がある。こうした振動も「環境振動」の対象範囲となる。

1.4 現象、知覚、判断

電車、自動車、船舶、飛行機などの乗り物の中では「振動があって当然」と誰もが認識している。乗り物に乗っている限り常に振動を感じ続ける。その振動が幾分快適でなくても、乗り物酔いを除けば、一般には乗り物の利用者が不平や不満を訴えることはほとんどない。それは、振動を受け入れれば行きたいところに素早く行けたり、変化を楽しめたりという相応の見返りがあるからである。本来認めたくないが、何らかの理由や裏付けによってそこまではしかたないと認めることを「許容」という。それを感じた上で許容できるかどうかは、振動そのものの大きさだけではなく、感じている人の目的あるいはおかれている状況に大きく依存する。

建物の中の振動が許容されるか否かの問題は乗り物の場合とは異なる。一般に、建物は人々が生活を営み憩い、安らぐための静穏な場として造られる。すなわち、建物の中が静かで振動がないことは暗黙の了解事項である。まして地震国であるわが国においては、建物が揺れることに敏感にならざるを得ない。乗り物に乗っている時とは比較にならないほど小さな振動でも、建物の中で振動を感じると過敏に意識し、まず振動の原因は何かという気遣いが生まれる。そして、原因によっては不平や不満の要因になる。

しかし、震度1の地震でも敏感に感じ取る人がいる一方で、まったく感じない人もいるように、振動に対する感受性、すなわち**振動感覚**には個人差がある（図1-1）。さらに、振動を感じさえすれば、全ての人が不平や不満を訴えるかというとそうでもない。都会に住むことを選んだ人は郊外に住む人より振動を容認する傾向が見られる。ある程度の振動を受け入れることで、都会の利便性を享受できるからである。建物の中の振動を許容できるかどうかは、振動感覚の問題だけではなく、その時の情緒や行為にも依存する（図1-2）。

振動そのものは人の主観が入らない**物理現象**である。「**ばらつき**」はあっても「**あいまいさ**」はない。その振動を強く感じるか弱く感じるかは振動感覚に依存する。つまり、感じ方の個人差という「あいまいさ」が関わってくる。さらに、振動を感じた上でそれを許容できるかどうかは、意識下あるいは無意識下での判断に関係している。ここにも、さらに高度な「あいまいさ」が加わる。環境振動では、「あいまいさ」の程度の異なる現象、知覚、判断の3段階を明

震度1で感じない人と感じる人

図1-1　振動に対する感受性の違い（振動感覚）

図1-2　情緒による振動への反応の違い

確に区別して取り扱う必要がある。なお、この3段階はそれぞれ2章、3〜5章、そして10章に対応することになる。

1.5　建物外部の振動環境

建物に生じる振動の原因は、建物内部に存在する場合も建物外部に存在する場合もある。建物内部で発生する振動に対しては、**振動源**を含め建物内部で対

策を立てることができる。しかし、建物外部で発生する振動に対しては、建物内部の対策だけでは限界がある。建物外部で発生した振動は、外構を含め建物躯体を**伝搬経路**として建物内部に入ってくる。建物の**周辺環境**が山間、海浜、田園、郊外宅地、郊外商業地、都心宅地、都心商業地、工場地帯などによって、建物外部で発生する振動の種類と大きさは異なる。人工的な振動だけでなく、風、地震、波など自然に由来する振動も周辺環境によって変化する。したがって、環境振動を対象とする時、まず着目しなければならないのは、建物が建っている周辺環境がどのような状況にあるかである。

静寂な山間でも、たまに採石場やトンネル工事の発破振動が伝わってくる場合がある。海浜では、暴風時に岸に打ちつける砕波により地盤振動が生じることもある。郊外では、鉄道や道路の延長や拡幅などの開発事業に伴って、交通振動や建設作業振動が発生する場合もある。都心部では夜になっても人と車の流れが絶えず、振動に24時間暴露され続けることもある。したがって、周辺環境で発生する可能性のある振動が、どのような特性をもっているか、どのくらいの大きさになるか、どのくらいの頻度で生じるか、そしてどのくらいの期間続くかを十分認識した上で、その場所ごとに振動をどの程度まで許容できるかという判断が下されなければならない。

1.6　建物内部の振動環境

建物内部における振動をどの程度まで許容できるかの判断は、建物の用途、すなわち内部空間の使われ方に影響を受ける。同じ大きさや質の振動が計測されたとしても、**建物用途**に応じて振動に対する**評価**は異なる。建物用途は、住宅、病院、ホール、劇場、福祉施設、美術館、図書館、店舗、オフィス、学校、工場、倉庫など多岐にわたる。病院の手術室のように許容限界が厳しいものもあれば、体育館、倉庫などのように許容限界が緩いものもある。住宅と一口に言っても、戸建、タウンハウス、アパートなど形態の異なる種類が多い上に、その家族構成も単身、新婚、核家族、同居世帯、さらには老齢者や静養者の有無など様々である。このような建物の使われ方の多様性は、許容限界の範囲が幅広く分布することを示唆している。国際的に、環境振動に関する**基準**、**規準**、**指針**等を見ても、その時代の社会背景やその国の経済状況に応じて異なり、さ

らに最新の研究成果を踏まえてその内容は更新されている。環境振動の評価は、このような多様かつ変化の激しい様々な基・規準や指針を参照しながら進められる。

　空地（オープンスペース）に内部空間を創り出すのが**構造躯体**の役割である。躯体は、基礎、土台、柱、梁、ブレース、壁、床などの**構造部材**で構成されている。構造部材の組み合わせに応じて、躯体は純フレーム構造、壁付きフレーム構造、ブレース付きフレーム構造、壁構造などの**構造形式**として分類することができる。部材の材料に応じて、躯体は鉄筋コンクリート造、鉄骨造、木造、ハイブリッド造などの**構造種別**に分類することができる。さらに、躯体は低層、中層、高層、超高層などの**構造規模**に分類できる。このような構造に関わる部材、種別、規模に応じて、躯体を伝搬する振動は異なる様相を呈する。躯体の振動には、風や地震によって引き起こされるような躯体全体を揺らす**全体振動**もあれば、居住者の歩行・飛び跳ねや設備機器によって引き起こされるような躯体のごく一部を揺らす**局部振動**もある。

　建物の振動がグローバルであれローカルであれ、最終的には床の**鉛直振動**あるいは**水平振動**となって人体に作用する。内部空間の用途に応じた振動の許容限界はこの**床振動**に対して決定される。人体に作用する振動は、床上での**姿勢**や向きによって異なるものとなる。建物の環境振動を床で評価する理由は、床が躯体としての伝搬経路の最終部位となるからである。さらに、環境振動において忘れてならないのは、構造部材だけでなく、窓、扉、天井、間仕切壁などの**非構造部材**、さらには**家具・什器**なども発生振動に影響を及ぼすことである。

　振動が許容限界を超えないようにするための対策は、振動が発生してから人体に作用するまでのさまざまな段階で実施される。有効な対策を一つに絞り込む場合もあれば、複数の対策を適切に組み合わせて実施する場合もある。環境振動に関する**事前対策**と**事後対策**には、建物だけでなく、それを支持する地盤の振動についての知識も必要である。

1.7　環境工学と構造工学の融合

　環境振動の分野において、振動感覚に基づく居住性の評価は重要な部分であり、これは明らかに**環境工学**の範疇に属する。環境工学で音・熱・光などを対

象とする場合、躯体は建物内部と建物外部を分ける境界、すなわち内部空間にとっての覆いの支持体としての副次的機能をもつにすぎない。音・熱・光の分野では、この覆いにより建物内部と建物外部を区切り、建物外部の環境をいかに建物内部に取り込むか、あるいは反対にいかに遮るかが問題となる。

これに対して、環境振動においては、覆いを支持する躯体が振動の主要な伝搬経路となり、建物内部と建物外部を直接繋ぐ役目をする。建物外部の振動は躯体を経て建物内部に伝わり、建物内部の振動は躯体を経て建物外部に出ていく。伝搬とは建物外部から建物内部へ、建物内部から建物外部へ、さらには躯体の中を振動が伝わることである。躯体を伝搬する振動の性質や大きさを制御したい場合は、躯体そのものに手を加えるしか方法がない。このため、環境振動の対策は**構造工学**の知見に基づき処理されることになる。

環境振動は環境工学と構造工学の境界領域に成立している分野といえる[5]。今後も、環境工学と構造工学が環境振動の両輪としての役割を担い続けることは間違いない。環境工学と構造工学の知見を融合し統合することにより、環境振動は新たな領域として成立している。

1.8 環境振動マトリクス

環境振動委員会では、多様で複雑な**振動源―伝搬経路―対象点**の関係の見通しを良くし、対象としている問題を明確に位置づけられるように、「**環境振動**

表1-2 環境振動単純マトリクス

振動源		検討項目				
		0	1	2	3	4
		測定方法	振動源特性	伝搬経路	振動予測	性能評価
A	生産機械	A-0	A-1	A-2	A-3	A-4
B	道路・鉄道	B-0	B-1	B-2	B-3	B-4
C	飛行機・船舶	C-0	C-1	C-2	C-3	C-4
D	設備機器	D-0	D-1	D-2	D-3	D-4
E	人間活動	E-0	E-1	E-2	E-3	E-4
F	自然外力	F-0	F-1	F-2	F-3	F-4
G	その他	G-0	G-1	G-2	G-3	G-4

表 1-3 環境振動複合マトリクス

I 振動源
- A. 振動源
  - i 外部
    - 1. 自然: 1)地震, 2)風
    - 2. 人工: 1)交通, 2)工場・工事
  - ii 内部
    - 1. 人間: 1)行為, 2)作業・運動
    - 2. 機械
    - 1. 設備, 2)動力
    - n) 自励振動
- B. 測定・分析: 1.波形 2.大きさ 3.方向 4.振動数 4.AD変換 5.時刻歴波形 6.振動レベル 7.その他（3)ウェーブレット 2)FFT 1)オクターブバンド）
- C. 振動特性: 1)定常 2)間欠 3)衝撃 n)複合 1)垂直 2)水平 3)ねじれ n)その他 5.位相 6.共振 7.減衰 8.自励振動

II 伝搬経路
- A. 伝達媒体
  - 1. 地盤: 1)実体波（P波・S波）, 2)表面波（レーリー波）, n)その他
  - 2. 空気・水: 1)微気圧波, 2)ソニックブーム, n)その他
  - 3. 構造: 1)床, 2)梁, n)その他（1)パイプ, 2)ダクト, n)その他）
  - 4. 設備
- B. 測定・分析: 1.センサ 2.アンプ 3.フィルタ 4.AD変換 5.時刻歴波形 6.振動レベル 7.その他
- C. 振動特性: 1)定常 2)間欠 3)衝撃 n)複合 1)垂直 2)水平 3)ねじれ n)その他 3.方向 4.振動数 5.位相 6.共振 7.減衰 8.自励振動

III 受振点
- A. 床振動
- B. 測定・分析: 1.センサ 2.アンプ 3.フィルタ 4.AD変換 5.時刻歴波形 6.振動レベル 7.周波数分析 8.暴露時間
- C. 振動特性: 1)定常 2)間欠 3)衝撃 n)複合 1)垂直 2)水平 3)ねじれ n)その他 1.上下振動 2.水平振動 3.ねじれ振動 4.傾斜
- D. 影響
  - 1. 人間: 1)不快, 2)不安, n)能率低下
  - 2. 家具・什器: 1)がたつき, 2)転倒, n)破損
  - 3. 設備・機器: 1)機能低下, 2)支障, n)欠陥生産
  - 4. 構造/2次部材: 1)ひび割れ, 2)剥落, n)破壊

IV 予測・同定
- 1) 外力予測・同定
- 2) 振動数予測・同定
- 3) 変位予測・同定
- 4) 加速度予測・同定
- 5) 位相予測・同定
- 6) 減衰予測・同定
- 7) 経路予測・同定
- n) コンピュータ・シミュレーション

V 対策
- 1) スパン
- 2) 断面寸法
- 3) 剛性
- 4) 架構法
- 5) 固定法
- 7) 地中壁
- 7) 防振溝
- 8) 地盤改良
- 9) 免振
- 10) 制振

マトリクス」を作成し、研究・教育活動に広く利用してきた。ここでは、このような目的で作られた従来の環境振動マトリクスを「**環境振動単純マトリクス**」(**表1-2**)と呼ぶことにする。その縦列には環境振動に関連する振動源の分類を、横行には扱う内容の分類を割り当てている。この「環境振動マトリクス」を参照すると、広範にわたる対象領域の中で、扱っている問題がどのような振動源のどのような内容なのかを即座に把握することができる。

しかし、高度成長期を経て成熟期を迎えた現代社会においては、振動源も対象点も広域高密度に分布しており、環境振動が直面する問題も従来のように振動源ごとに個々に対応しているだけでは十分な解決が図れない状況が増えている。建物内部で発生する振動は、建物内外の様々な振動源から振動が伝搬し複合して作用しており、環境振動に関する総合的な視点が強く求められるようになっている[6]。このため、従来の「環境振動単純マトリクス」の明快さを継承した上で、さまざまな振動源からの振動伝搬の動的な流れを総合的に表現し、その流れの中で計測・予測・評価・対策を関係付けることができるような新しい環境振動マトリクスの構築が望まれている。

このような考え方に基づき、環境振動の分野で取り組むべき対象を、任意の建物を想定して俯瞰したものが**表1-3**である[7]。図の中央部は、建物内外の振動源Ⅰで発生した振動が、建物内外の伝搬経路Ⅱを経て、最終的に居住域Ⅲの対象点に到達し、多様な影響を及ぼすまでの流れを下から上へと示している。それらを挟みこむ左右の欄ⅣとⅤは、それぞれⅠ～Ⅲの全ての段階と関連をもつ「予測・同定」と「対策」を対応付けて整理・表現している。本書では、この図を「環境振動単純マトリクス」に対して「**環境振動複合マトリクス**」と名付けることにし、この枠組みに沿って本書の各章を構成している。

1.9 本書の構成

本書の各章は、「環境振動」の全体フレームを示す関連図(**図1-3**)の中に位置づけることができる。まず太線枠内を大きく捉えると、人体に振動が作用するまでの「**振動刺激**」、人体が振動を感知して反応する「**人体反応**」、その反応に基づき建築及び都市に快適環境を創造する「**振動対策**」の3段階に分けられる。「振動刺激」は、振動源→伝搬経路→対象点と伝わる振動に関する一般

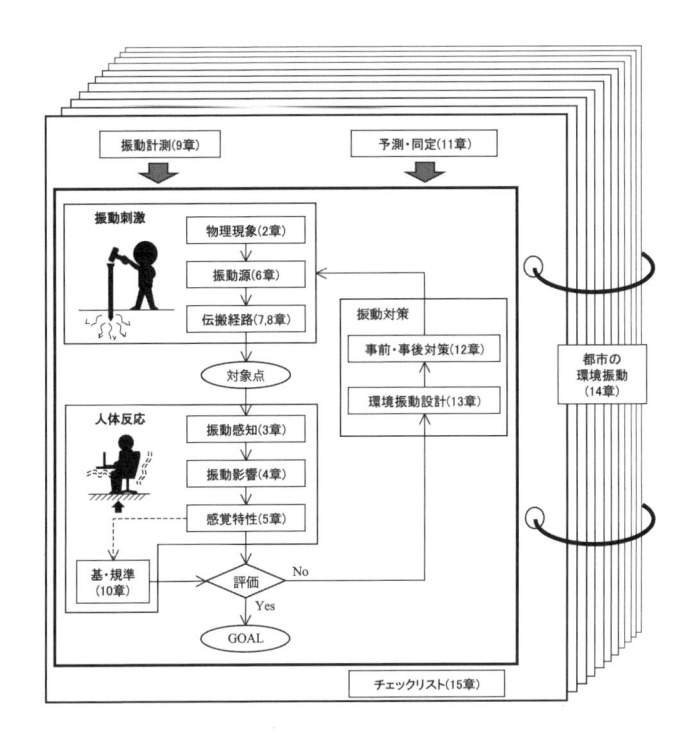

図1-3　本書の構成

的な「物理現象」(2章) に始まり、建物内外の「振動源」(6章) 及び建物内外の「伝搬経路」(7章と8章) の具体的な記述を含んでいる。「人体反応」は、対象点における人間の「振動感知」(3章)、心理的・生理的な「振動影響」(4章)、その定量的評価としての「振動感覚特性」(5章) を含んでいる。これらを統合整理した「基・規準」を用いて振動は評価される(10章)。評価に基づいて、必要があれば「振動対策」を行う。ここには「事前・事後対策」(12章) と「環境振動設計」(13章) が含まれる。振動刺激→人体反応→振動対策の流れをサポートする技術として「振動計測」(9章) と「予測・同定」(11章) がある。「振動計測」はその時どのような振動が実際に生じているかを客観的に把握するための技術であり、「予測・同定」は数理モデルを用いて将来生じるであろう振動を想定するための技術である。「チェックリスト」(15章) は、上述した内容の自己診断表であり、個々の建物の環境振動に関するカルテに相当する。こ

のカルテを多数束ねたものが「都市の環境振動」(14章)の内容である。

近年、環境振動に関連した広範な領域を網羅的に紹介する書籍や雑誌の特集が出版されようになり[8~11]、環境振動に対する認識も深まりつつある。しかし、その多くは専門家によるオムニバス的な環境振動の紹介として構成されており、初学者が読むには敷居が高すぎる嫌いがある。本書では、初学者に建築分野としての環境振動の全体像をわかりやすく紹介することを心がけ、全15章を構成している。

参考文献

1) 安岡正人:環境振動とは、第17回音・振動シンポジウム、pp.1-2、1981
2) 後藤剛史:環境振動のあゆみ、建築技術、No.658、pp.96-97、2004
3) 後藤剛史:振動と居住性、第17回音・振動シンポジウム資料、pp.23-27、1981
4) 日笠端:都市と環境、NHK現代科学講座9、日本放送出版協会、1969
5) 櫛田裕:環境振動工学入門―建築構造と環境振動―、理工図書、1997
6) 濱本卓司:環境振動の新しい展開、建築技術、No.658、pp.162-165、2004
7) 後藤剛史:環境振動の動向と展望、騒音制御、Vol.35、No.2、pp.111-116、2011
8) 日本騒音制御工学会:地域の環境振動、技報堂出版、2001
9) 特集「環境振動を考える」、建築技術、No.658、2004.11
10) 特集「環境振動の基礎知識」、騒音制御、Vol.35、No.2、2011.4
11) 特集「建物の環境振動を取り巻く最近の話題」、音響技術、Vol.155(Vol.40、No.3)、2011.9

2章 物理現象としての振動

振動が建物や居住者に作用すると、それらを応答させたり刺激したりする。この刺激量として負荷することになる振動を評価し対策を講じるためには定量的な取り扱いが必要になる。そこでまず始めに、振動は物理量としてどのように表現されるかを理解・確認しておくことにする。

2.1 振動の表現

水平方向あるいは鉛直方向の**振動**は、静的なつりあい状態を中心に左右あるいは上下に揺れ動く現象である。建物の内外で生じる振動を時間経過に沿って記録紙上に描くと、一般に不規則で複雑な波形になって現れる。しかし、どんなに複雑な波形も多くの単純な波形が合成されたものである。逆に言えば、複雑な波形は多くの単純な波形に分解することができる。そこで、まず最も単純な波形となって現れる**単振動**の表し方を見ておくことにする。

図2-1(a)に示すように、ばね定数 K [N/mあるいはkg/sec^2] の軸ばねの上端を固定し、下端に質量 M [kg] の錘（おもり）を付けて静止させると、ばねは錘を付ける前に比べて Mg/K [m]（g は重力加速度 [m/sec^2]）だけ

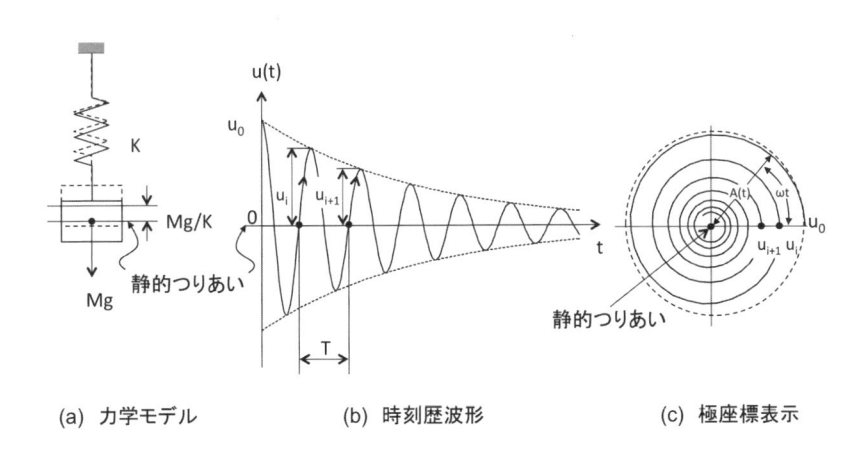

(a) 力学モデル　　　(b) 時刻歴波形　　　(c) 極座標表示

図2-1　単振動の表現方法

変位する。この静的つりあい状態から錘をさらに u_0 [m] だけ下方に引き下げ、その位置で錘を解放すると、錘は静的つりあい状態を中心として上下に揺れ続ける。

横軸に時間 t [sec]、縦軸に変位 u [m] をとり、錘が揺れ続ける軌跡を描くと同図(b)のようになる。この図を振動の**時刻歴波形**という。振動の振れ幅 u_j [m] を**振幅**と呼び、質点が静的つり合い状態から再び同じ方向（下向きあるいは上向き）で静的つり合い状態に戻るまでに要する時間 T [sec] を**周期**という。ピーク振幅は時間の経過とともに徐々に減少して、最終的には静的つりあい位置で停止する。このように振動が徐々に小さくなる現象や特性を**減衰**という。揺れ始めてから比較的短時間で振動が止まるような場合は減衰が大きく、反対になかなか静止せずに揺れが続くような場合は減衰が小さいという。減衰の大きさの指標として、振動するかしないかの限界を1.0とした時の比率として定義される**減衰比**が用いられる。

単振動は、同図(c)に示すように、等速で円運動する物体の正射影が示す運動と見なすこともできる。この時、単振動は次式で与えられる。

$$u = Mg / K + A(t)\sin(\omega t + \varphi) \tag{2.1}$$

ここに、ω は**円振動数**、φ は**初期位相**であり、振幅 $A(t)$ は時間 t の経過とともに減衰する。円振動数の単位は rad/sec で角速ともいう。1秒あたりの回転数 f を**振動数**あるいは**周波数**といい、単位は Hz を用いる。本書においては、慣例的な用い方により振動数と周波数を使い分けている。振動数あるいは周波数 f の逆数が周期 T である。振動数、周期、および円振動数の関係は次式で与えられる。

$$f = \frac{1}{T} = \frac{\omega}{2\pi} \tag{2.2}$$

以上のように、振動に関する基本的表現としては、横軸に時間経過をとって**時間軸**、縦軸に振動としての変化量をとって**振幅軸**と位置づけて表現する。この時間軸は、振幅変化に着目する場合は零軸と呼ぶこともある。なお、単位の [m] は実用に応じて [μm]、[mm]、あるいは [cm] などに換算して利用される（**2.2(1)** 参照）。

2.2 振動の振幅軸

(1) 変位、速度、加速度、加加速度

環境振動の大きさを表す基本物理量は**加速度**である。負（移動方向と逆方向）の加速度を**減速度**ということもある。加速度のほかに変位、速度、加加速度といった物理量も用いられる。加速度を基準にして考えると、加速度を時間に関して一回積分したものが**速度**、二回積分したものが**変位**、反対に加速度を時間に関して一回微分したものが**加加速度**である。

しかし、変位を基準にした方が理解しやすい。**変位**は物体の位置的変化を知るための物理量で、ある程度の大きさになれば視覚上も直感的にその変化を確認できることが多く、基本単位はmである。**速度**は、単位時間当たりの変位の変化を示す物理量であるから、変位を時間に関して1回微分することにより得られる。単位はm/secになる。地震の揺れの速度にはkine（cm/sec）が良く用いられる。**加速度**は、単位時間当たりの速度の変化を示す物理量であるから、速度を時間に関して1回微分することにより得られる。単位はm/sec^{2}になる。地震の揺れの加速度にはgal（cm/sec^2）が良く用いられ、100gal=1m/sec^{2}である。近年では国際単位の採用で長さの単位がmとなったことから、学術的にはm/sec^{2}の使用が一般的になっている。**加加速度**は、単位時間当たりの加速度の変化を示す物理量で単位はm/sec^{3}である。運動の急峻さを表し、ジャークあるいは躍度と呼ばれることもある。乗り物に乗っていると加速度は身体に作用する慣性力として感じられる。この慣性力が変化すると不快を感じるが、これが加加速度の影響である。ジェットコースターはこの指標をよりどころに設計される一例である。建物内部では、旧式のエレベーターに乗るとこの感覚に襲われることがある。

なお、これらの振幅諸元を用いる分野に関し、明確な決まりがあるわけではないが、**表2-1**の下段（振幅要素）に示すような傾向が見られる。

(2) ピーク値、最大値、実効値、波高率

波形の大きさの定義にはピーク値、最大値、実効値（rms値あるいはRMS値）、波高率などが用いられる。最大値、実効値、波高率の関係を**図2-2**に示す。

(a) ピーク値

表2-1 振動の時間要素と振幅要素

	諸元	単位	特徴・対象分野	
時間要素	周期	sec	遅い振動	
	周波数	Hz	早い振動	
振幅要素	変位	m	施工、構造工学分野	対処
	速度	m/sec、kine	地震、地球物理分野	分析
	加速度	m/sec^2、gal	環境振動、地震工学分野	評価
	加加速度	m/sec^3、jerk	乗り心地	評価

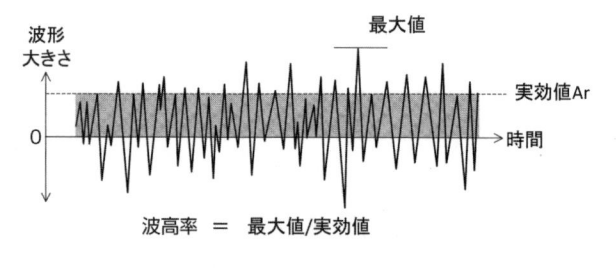

図2-2 波形の大きさの表現

　時間軸と振幅軸の上に時刻歴波形を描いた場合、波形は零軸を横切りながら上下することになる。その一波一波の中で一番振幅の大きい所（尖った先）をピーク、その振幅の値を**ピーク値**という。

(b) 最大値

　振幅量は時間とともに変化するが、ある瞬間の値を**瞬時値**、その瞬時値が任意対象期間中において一番大きい値を**最大値**という。したがって、ピーク値の中で最も大きい値が対象範囲内での最大値ということになる。調和（単）振動の場合、最大値はピーク値に相当し、1波を超える計測時間には依存しない。**ランダム振動**になると最大値は計測時間に依存する。

(c) 実効値

　実効値（rms値あるいはRMS値）A_r は、時間軸に関する平均値として次式

で定義される物理量である。

$$A_r = \sqrt{\frac{1}{T}\int_0^T a(t)^2 dt} \tag{2.3}$$

ここに、$a(t)$ は振幅時刻歴関数、T は対象時間（sec）である。すなわち、実効値は大きさの変化する振幅量をこれと等しいエネルギーをもつ一定の大きさの振幅量で表した尺度である。正弦振動の場合の実効値は、ピーク振幅の $1/\sqrt{2}$（約 0.71 倍）に相当する。ランダム振動の場合は、計測（対象）時間を長く取るとそれに応じたある値に収束する。式の形から二乗平均平方根とも呼ばれる。環境振動では、ここで言う振幅量として加速度を用いるのが一般的であり加速度実効値ともいう。

(d) 波高率

実効値に対する最大値の比を**波高率**あるいはクレストファクターという。人間は**衝撃振動**に対して敏感に反応する。波高率は、対象とする振動が衝撃振動といえるかどうかを判定する指標として用いられる。正弦振動の波高率は $\sqrt{2}$ になる。パルス波が混入しないランダム振動の波高率は約 4.0 になる。波高率が 9.0 を超えるとパルス波の影響が無視できなくなる。

(3) 振動加速度レベル (VAL)

振動の大きさを加速度の絶対値 A ではなく、以下のように定義される相対値として表現したものが**振動加速度レベル** L_a あるいは VAL である。

$$L_a = 20\log\frac{A}{A_0} \tag{2.4}$$

単位は dB を用いる。この式の係数 20 の物理的意味は、エネルギー比 A^2/A_0^2 の対数 $\log(A^2/A_0^2) = 2\log(A/A_0)$ の単位 B（ベル）を 1/10 にした dB を用いたことによる。人間の**振動感覚**は加速度が変化すると、その対数に比例して反応することが知られており**ウェーバー・フィフナーの法則**と呼ばれている。これが相対値を対数表現している理由の 1 つである。もう 1 つの理由は、桁数の大きな数値を手頃な数値（ほぼ 10 の位の桁）で取り扱えるように数値を圧縮化することである。相対的な尺度なので基準値 A_0 の取り方により値が異なる。**国際規格 ISO** では $A_0 = 10^{-6} m/s^2$ を採用しているが、わが国の**振動規制法**では $A_0 = 10^{-5} m/s^2$ を用いているので、日本の dB を国際規格 ISO の dB と比べる時

は20 dB 加える必要がある。なお、VALの値を示す時は、常に振動数と共に示すことになる。

2.3 振動の時間軸

環境振動が対象とする振動現象は一般に不規則な**時刻歴波形**である。時刻歴波形の縦軸にとられる振幅は最も頻繁に使用される物理量であるが、横軸にとられる時間や振動数あるいは周波数もまた振動現象の本質的な性質を把握し、それが人体に与える影響を解明するために不可欠な情報である。

物体や形態を有するあらゆる物はそれぞれ固有の振動数を複数持っている。この振動数を**固有振動数**といい、一般には入力される振動数と固有振動数との係わりをどう扱うかが振動問題の最大の眼目であるともいえる。固有振動数ごとに振動の形状パターンは異なる。これを**モード形**という。任意時刻における揺れの形状は複数のモード形が合成されたものである。

(1) 時間特性

時刻歴波形は振動の最も基本的な表現形式である。時刻歴波形が継続的に記録されていれば、連続振動の継続時間、間欠振動における繰り返し回数、衝撃振動の波形と作用時間、振動刺激の累積エネルギーなど、**時間領域**における主要な物理量を求めることができる。

時刻歴波形をどのような視点から観察するかに応じて、振動現象は**図2-3**に示すように分類することができる。すなわち、**図2-4(a)** に示すような時刻歴

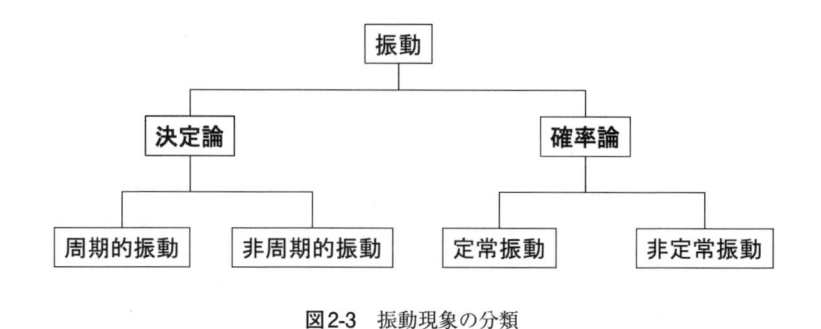

図2-3 振動現象の分類

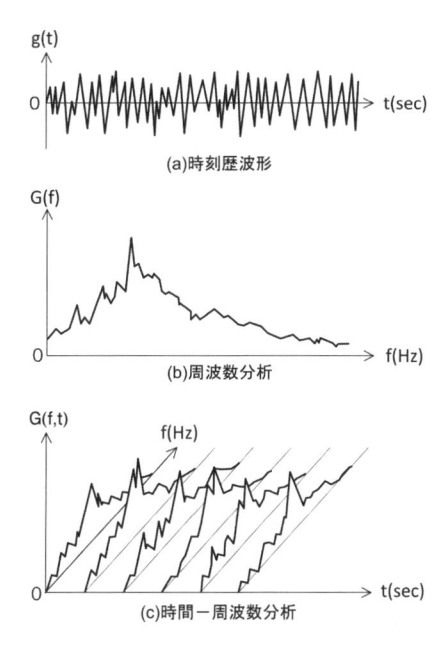

図2-4　時刻歴波形から周波数分析へ

波形を計測した時、この波形を二度と繰り返すことのない唯一の波形と見なす視点を「**決定論的**」、共通した確率構造を持つ母集団に含まれる一つの標本と見なす視点を「**確率論的**」と呼ぶ[1]。決定論的な振動は、同じ波形を何度も繰り返す**周期的振動**と同じ波形が二度と現れない**非周期的振動**に分類される。確率論的な振動は、時間が経過しても確率構造が変化しない**定常過程**の振動と時間の経過とともに確率構造が変化する**非定常過程**の振動に分類される。時刻歴波形が記録されていれば、同図(b)、(c) に示すような**周波数特性**や**時間—周波数特性**など、分析の発展が可能になる。

(2) **周波数特性**

　人間の振動感覚は振動刺激の**周波数特性**に大きく依存することが知られている（**5.2**参照）。周波数特性とは、振動数によって振幅あるいは位相が変化する特性である。前者を**ゲイン特性**、後者を**位相特性**と呼ぶ。ゲイン特性を見れば、時刻歴波形の中のどの振動数成分が支配的なのか、あるいは各振動数成分が**周**

波数領域でどのように分布しているのかといった情報を得ることができる。時刻歴波形から周波数特性を求める方法として**フーリエ解析**と**オクターブバンド分析**または**1/3オクターブバンド分析**がある。

なお、各振動数成分の寄与を加え合わせて周波数領域全体にわたる大きさを求め、代表値として示す値を**オーバーオール値**と呼ぶ。周波数特性が消えてしまうため、長周期振動であっても短周期振動であっても同じオーバーオール値を示す場合がある。オーバーオール値は騒音の評価などではよく用いられるが、周波数特性がきわめて重要な環境振動においては参考値程度の位置づけと考えた方がよい。

(a) フーリエ解析

決定論的な振動波形の周波数特性を求めるための数学的手法に**フーリエ級数**と**フーリエ変換**がある。

振動波形が**周期関数**である場合は、1周期 T の波形を取り出して、次式のフーリエ級数により成分波（調和波）に分解し、各成分波の寄与を求めることができる。

$$f(t) = \sum_{n=-\infty}^{\infty} A_n e^{in\omega t} \tag{2.5a}$$

$$A_n = \frac{1}{T}\int_{-T/2}^{T/2} f(t)e^{-in\omega t}dt \tag{2.5b}$$

ここに、A_n は成分波の振幅であり、**フーリエスペクトル**と呼ばれる。

振動波形が**非周期関数**である場合は、周期が無限になり、波形の一部を取り出すことはできず、全波形を対象に各成分波の寄与を求めることになる。この時使われるのが次式のフーリエ変換である。

$$f(t) = \frac{1}{2\pi}\int_{-\infty}^{\infty} F(i\omega)e^{i\omega t}d\omega \tag{2.6a}$$

$$F(i\omega) = \int_{-\infty}^{\infty} f(t)e^{i\omega t}dt \tag{2.6b}$$

ここに、$F(i\omega)$ は**フーリエ逆変換**と呼ばれ、フーリエ級数の A_n に対応する物理量である。フーリエ変換はアナログ信号に対して用いられるが、デジタル信号に対しては**高速フーリエ変換**（FFT）（**9.4(2)(a)** 参照）が用いられる。

(b) オクターブバンド分析

オクターブバンド分析は、対象とする周波数領域をいくつかの振動数帯域に分けて考える方法の一つである。地震動の周波数特性を求める場合はフーリエ解析がもっぱら用いられているが、環境振動ではフーリエ解析とともに音響分野で普及しているオクターブバンド分析も良く用いられる[2]。

オクターブとは、ある振動数とその2倍の振動数との値の関係である。2つの振動数 f_1 と f_2 の間に、$f_2/f_1 = 2^n$ の関係が成立する時、f_2 は f_1 より n オクターブ高いといい、それらの間の範囲（**帯域幅**）を**オクターブバンド**という。環境振動でしばしば用いられる**1/3オクターブバンド**は、振動数が2の1/3乗（約1.26）倍となる帯域幅である。

帯域幅の上下限値 $[f_1, f_2]$ で表記する代わりに、次式で算定されるそれらの**中心振動数** f_0 を代表値として用いて表記する。

$$f_0 = \sqrt{f_1 f_2} \tag{2.7}$$

この中心振動数という名称は、対数を取った時、$\log f = (\log f_1 + \log f_2)/2$ となることによっている。各帯域の振幅の算定法に関しては **9.4(2)(b)** で具体的に説明する。

オクターブバンド解析では、帯域内の振動数を区別することはできない。このため、地盤のように減衰が大きな場合はあまり問題とはならないが、減衰の小さな構造躯体や構造部材の場合は、**固有振動数**における**伝達関数**の鋭敏な立ち上がり、すなわち**共振現象**を捉えることができず、建物の振動特性を正確に把握しにくいという弱点がある。

(3) 時間─周波数特性

時刻歴波形を**確率過程**のひとつの標本と考えると、揺れ始めてから静止するまで周波数特性が変化しない**定常過程**と時間経過とともに周波数特性が変化する**非定常過程**に分類することができる。フーリエ級数やフーリエ変換は定常過程の周波数特性を表現するための有効な方法ではあるが、非定常過程に対してはその有効性が限定的になる。**時間─周波数分析**は、時間経過に伴う周波数特性の変化を追跡する方法である。その中でも、**ウェーブレット変換**は非定常過程の時間─周波数特性を効率的に表現できる方法として注目されている（図 **2-5(c)** および **9.4(2)(c)** 参照）[3]。

(4) 発生頻度

対象とする振動の**発生頻度**は時間軸の延長上にあり、人体にとっても建築物にとっても繰り返し刺激負荷として位置づけられ、振動を評価するための要素として重要である。日本建築学会の「建築物の振動に関する居住性能評価指針・同解説（以下、**居住性能評価指針**と呼ぶ）」では、強風時の高層建築物の**長周期水平振動**を評価する時、強風の**再現期間**を1年と定めている。これは、高層建築物が建つ敷地において、1年に1回程度発生する強風を対象に長周期水平振動に関する居住性を評価することを意味している。風のほかにも、地震や波のような自然現象の場合は、再現期間を用いて振動の発生頻度を表現することができる。再現期間（時間、年など）と発生頻度（回／年、1回／m年）は逆数の関係である。

しかし、人工的な振動になると、再現期間の概念を用いることはできない。例えば、**鉄道振動**の場合、1日に何本の列車が通過するかが問題になる。東海道新幹線の沿線などでは、数分ごとに休みなく列車が通過しているし、都会を走るJR、私鉄、地下鉄なども毎日かなりの頻度で運転されている。**道路交通振動**の場合、トラックやバスなどの大型車がどの程度の頻度で通過するかが問題になる。その通過頻度は平日か休日か、昼か夜か、さらには時間帯によっても変化する。交通振動や**工場振動**は、これに隣接する建物にとって日常的に常時作用する振動であるが、**建設作業振動**のように、限定された期間だけ大きな振動が発生する場合もある。このような場合は、工事期間がどの程度になり、どの工程で振動が発生し、その頻度と大きさがどのくらいになるのかを事前に近隣住民に周知しておく必要がある。

(5) 継続時間

知覚開始限界以上の振動が発生してから終息するまでの時間が**継続時間**である。振動の大きさが同じであれば、一般に継続時間が長いほど不快感は強くなる。逆に、継続時間が同じであれば、振動の大きさが大きいほど不快感は強まる。工事現場で発生した振動に対する苦情が、工事現場からの距離に反比例して減少することはその良い例である。継続時間を人体への影響という観点から捉えたものが後述する**振動暴露時間**である（5.4(1) 参照）。

2.4 波形による分類

　振動波形は多種多様であり、これを細かく類型化することは容易ではないが、環境振動では図2-5に示すように、連続振動、間欠振動、衝撃振動、及び不規則かつ大幅に変動する振動などに分類することが多い。環境振動よりも小さな**常時微動**では一般に連続振動になる。

(1) 連続振動

　連続振動とは、途切れることなく続く振動のことである（**同図(a)**）。連続振動には、モーターなど主として回転機構から発生する振動のように、特定の振動数を保ち一定振幅の正弦波になる**調和振動**や、道路交通振動のように、様々な振動数成分を含み、その振幅も不規則に変動する**ランダム振動**がある（後述(4)参照）。後者の振動計測に当たっては、計測時間をどの程度にするかが重要になる。

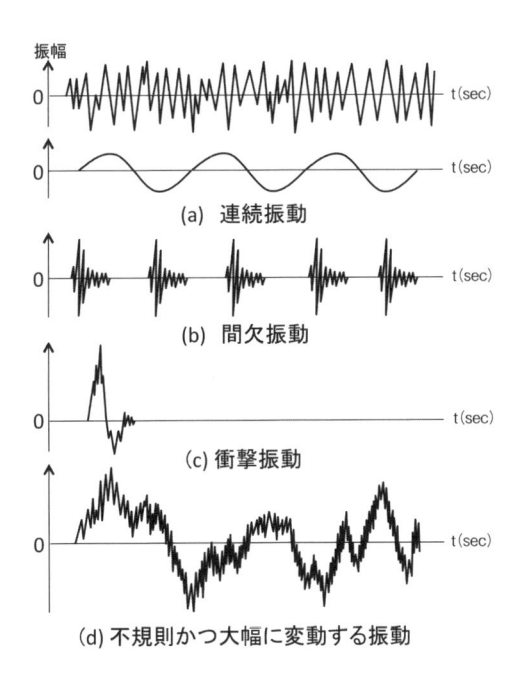

図2-5　波形パターンの分類

(2) 間欠振動

　間欠振動とは、振動が生じている状態と生じていない状態を断続的に繰り返す振動である（同図(b)）。鉄道振動のように、通過時のみ振動が生じ、それ以外は振動が生じていない状態の繰り返しがこれに当たる。振動計測に当たっては、振動が生じている時の計測を何回行うかが重要になる。

(3) 衝撃振動

　衝撃振動とは、急激な立ち上がりの後、比較的すばやく減衰する振動である（同図(c)）。杭打ち工事の時に発生する振動、発破により生じる振動、高速道路を走行する大型車が伸縮継手を通過する際に生じる振動などがこれにあたる。建物内での歩行や跳躍によって引き起こされる床振動も1波に着目すれば衝撃振動である。工場では各種材料の裁断や打ち抜きなどの工程で生じやすい。

(4) 不規則かつ大幅に変動する振動

　不規則かつ大幅に変動する振動の代表として、居住域の一般車道において、車両間隔や重量などの違いによる不連続的な車両走行により生じる振動があげられる（同図(d)）。道路の舗装程度や舗装状況の影響を受け、路線バスや工事用中型車両により生じる場合がある。

参考文献
1) 井上吉雄他：振動の考え方・とらえ方、オーム社、1998
2) 前川純一ほか：建築・環境音響学　第3版、共立出版、2011
3) 金井浩：音・振動のスペクトル解析、コロナ社、1999

3章
振動を感じる人体のメカニズム

2章で確認した物理的現象としての刺激に対し、私たちの身体は持ち前の感覚器官によってそれを知覚したり、反応したりすることができる。ここではそうした知覚や反応の機構を理解しておこう[1〜3]。

人体に作用する振動は、人体への加わり方（あるいは「入力の仕方」とも言う）により大きく二種類に分類される。チェーンソーや電動ドリルなど振動する道具を手に持ったり、あるいはマッサージ器などの装置を使用したりする時に人体の一部に作用する振動（部分振動）と、ブランコや乗り物に乗っている時のように全身が揺らされるような振動（全身暴露振動）である。部分振動の場合は、体性感覚として感覚受容器が振動をとらえる。全身暴露振動の場合は、特殊感覚として頭部にある振動受容器がその振動をとらえる。すなわち、人体に作用する振動は、皮膚に広く分布する皮膚感覚受容器と内耳にある前庭器官によって感知される。感知された振動は神経回路により脳に送られ、視覚、聴覚、さらに筋・腱感覚と統合されて振動知覚となる。

3.1 皮膚感覚受容器

私たちの身体の皮膚表面には、粗密の程度の違いはあるものの、次に見るような感覚器官が全身に分布している。それらの器官によって成立する感覚を**皮膚感覚**という。皮膚感覚には、触覚、圧覚、温覚、冷覚、痛覚、振動覚がある。これらの感覚を生じさせる受容器は、触覚、圧覚、振動覚に対応する**触覚受容器**、温覚・冷覚に対応する**温冷受容器**、痛覚に対応する**侵害受容器**の3つに大別できる。**振動感覚**に関してはまだ全てが明らかになっているわけではないが、触覚受容器が総合的に振動感覚に影響しているといわれている。なお、触覚受容器は図3-1中の右側に示される主に4つの受容器が振動の感知に寄与していると考えられている。人体の部分に加わる振動刺激に対応することから、**部分振動感覚**とも言われる。

(1) マイスナー小体

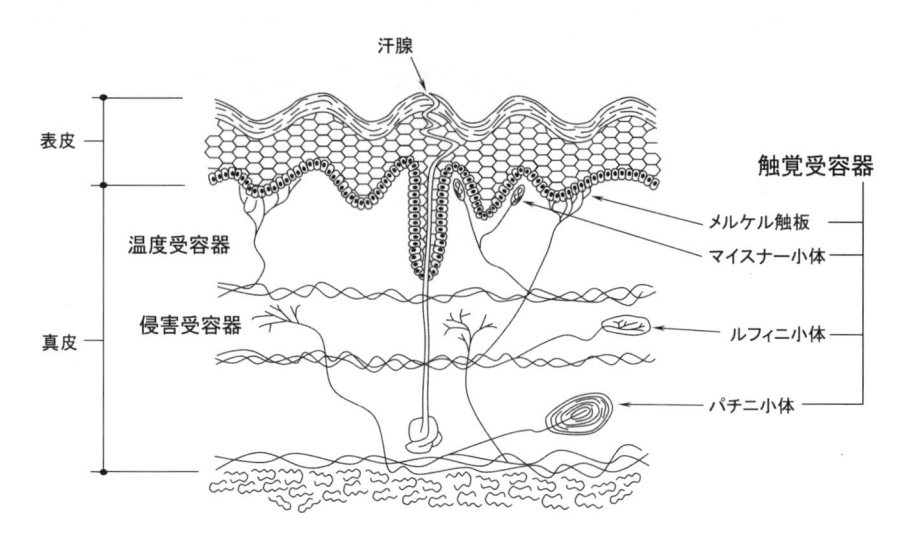

図3-1　皮膚感覚受容器

　マイスナー小体は、毛のない皮膚、手の平、足の裏などにおいてコラーゲンで構成され、特に指先の先端部分に密集している。表皮下部に位置し、表皮組織に結合している。そのため、皮膚を歪ませる横向きの振動刺激に対して敏感である。刺激振動数が15〜30Hzの範囲にあると反応して活動電位インパルスを発生し脳に伝える。

(2) パチニ小体

　パチニ小体は皮膚感覚神経の末端にあり、手の平、足の裏に多く分布し、さらに皮膚だけでなく筋肉、腱、内臓にも広く分布している。通常は真皮に位置し、タマネギ状の多数の層からなる長さ1〜4mm、直径0.5〜1mmの小体である。1個の小体には1本の神経線維が接続し、中枢神経に直接繋がっている。特に圧力刺激に敏感で、刺激振動数が100Hz以上になると反応して活動電位インパルスを発生する。

(3) メルケル触板

　メルケル触板は表皮の直下、あるいは毛根の末端部にある。主に軽い接触に反応し、刺激振動数が6Hz以下になると反応して活動電位インパルスを発生す

る。

(4) ルフィニ小体

ルフィニ小体は真皮に位置し、コラーゲンの繊維がよじれて構成されている。毛のある皮膚にも、毛のない皮膚にも見られる。緊張された刺激が加わると繊維が歪められて反応が生じ、刺激振動数が15Hz以下になると活動電位インパルスを発生する。

3.2 平衡感覚器官

身体の傾きや運動状態を察知することができる主要な**平衡感覚器官**は、図3-2に示すように、直線運動を受容する**耳石器**と回転運動を受容する**三半規管**とで構成されている。この器官は前庭器官とも呼ばれる。

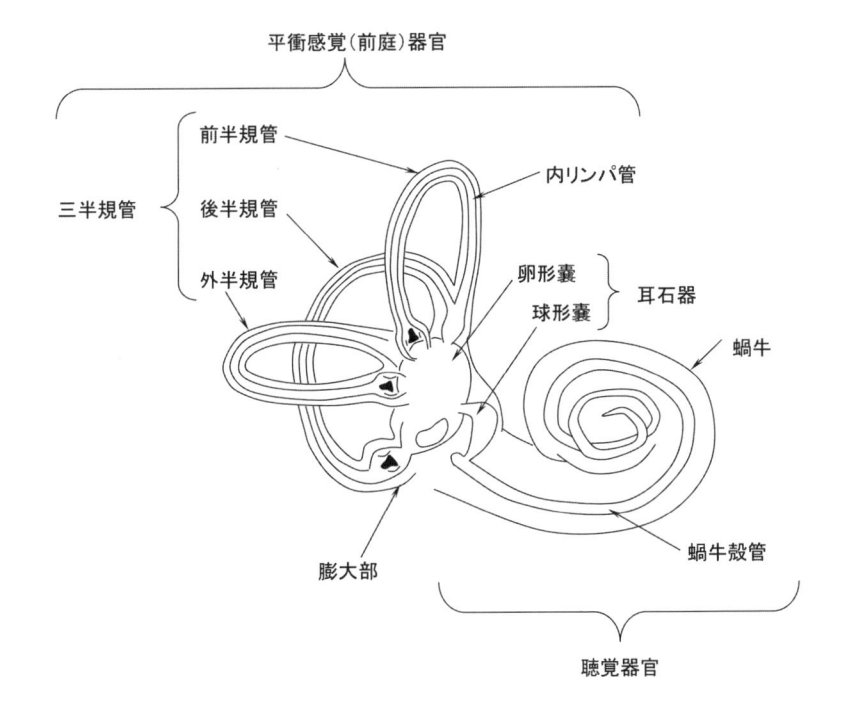

図3-2 全身暴露振動の主要な受容器

(1) 耳石器

耳石器としては**卵形嚢**と**球形嚢**があり、ともに倒立振り子と同じような機構になっている。有毛細胞の毛先に炭酸カルシウムの**耳石**という錘（おもり）が乗っており、錘の慣性と身体（頭部）との相対的な運動が生じた時、毛が引っ張られて直線加速度が受容される。卵形嚢は水平方向振動を、また球形嚢は鉛直方向振動をそれぞれ受容する。

(2) 三半規管

三半規管は**前半規管**、**外半規管**、**後半規管**からなり、内部がリンパ液で満たされたドーナッツ状の3つのチューブが相互に直交座標系の3軸を構成するような関係で位置づけられている。その内部にある平衡頂には有毛細胞が並んでおり、頭部に運動が生じると有毛細胞がリンパ液との相対的な回転加速度を受容する。

3.3 神経回路と脳

外界からの刺激は上述した振動受容器で電気パルスに変換されると、**図3-3**

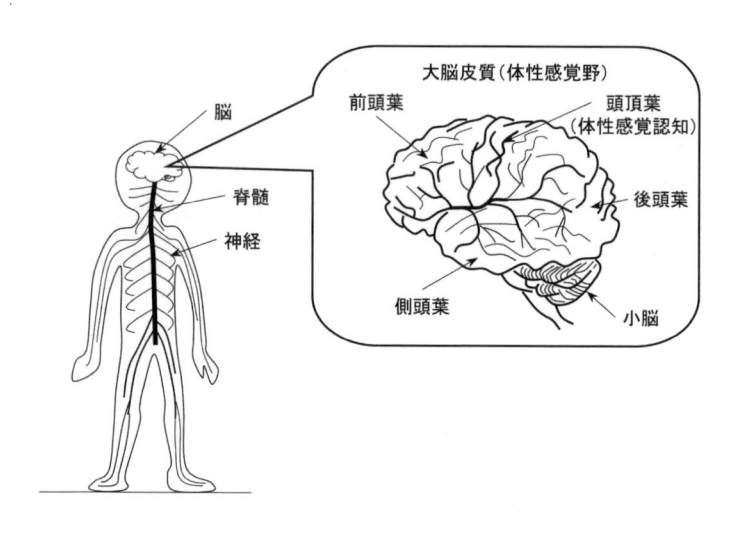

図3-3 神経回路と脳

に示すように、身体中に張り巡らされた**神経回路**を伝わって、最終的に**大脳皮質**の**体性感覚野**（頭頂葉）に到達し**振動感覚**となる。脳の中では**視覚**や**聴覚**の情報も統合され、さらにそれ以前の振動暴露の経験による記憶と意識下あるいは無意識下で比較され、振動に対する判断が下される。

3.4　振動知覚に寄与するその他の器官

(1) 視覚

　停車した電車に乗っているにも関わらず、向かいの電車が動き出すとあたかも自分の乗っている電車が発車したかのように感じることがある。同じように、振動が生じていなくても、動画などで視覚的な振動刺激を与えると、振動しているかのような感覚になることがある。これは、**視覚**と三半規管の感覚との不一致が原因といわれている。建物で発生する振動によっては、熱帯魚などの水槽がスロッシング（液面動揺）により激しく揺れたり、天井から吊り下げられたシャンデリアが大きく揺れたりし、その動きが振動感覚に影響を与えることがある。また、**図3-4**に見られるように、**高層建築物**の増加とともに、強風時や地震時に窓外景観の動き（特に窓外の高層建築と自分のいる建物の窓枠との

図3-4　高層ビルが揺れると窓外景観も動く（視覚への影響）

相対的な揺れ）が振動感覚に与える影響も問題になっている[4,5]。

(2) 聴覚

建物の振動の発生時には、部材内のひずみや仕口・継手における軋み音などを伴うのが一般的であり、この発生音が振動知覚を増長させる影響は否めない。一方、直接的には振動として感じられなくても、低周波音によって発生した建具や家具の振動に伴うがたつきを**聴覚**によって知覚することがある（**付録A-2参照**）。また、風などの自然外力の作用による躯体の軋み音に気付き、ここから振動の発生を知覚して苦情原因になることもある。

(3) 筋・腱感覚

脳は四肢の動きを、筋肉の伸びに反応する筋紡錘から求心神経への信号によって知覚している。また、腱に100Hz前後の振動を与えると、筋肉が実際に伸びた時と同じように筋紡錘が興奮することが知られている。このように、振動受容器は、皮膚感覚受容器のように体表面近くに分布しているだけではなく、体内深くの筋肉さらには四肢の骨格と筋肉をつなぐ腱にも分布している。筋肉や腱による知覚を**筋・腱感覚**という。因みに、1°程度の床の傾きさえこうした感覚によって知覚できると言われている[6]。したがって、立位による全身暴露時におけるピッチング（前後）振動においての知覚に関してはこうした感覚の関与が無視できない。

参考文献

1) 米川善晴：振動感覚と振動評価、第9回環振*資料、pp.27-32、1991
2) 斎藤正男：医学における環境振動、第10回環振資料、pp.1-4、1992
3) 坂本和義ほか：生体のふるえと振動知覚　メカニカルバイブレーションの機能評価、バイオメカニズム・ライブラリー、東京電機大学出版局、2009
4) 後藤剛史：窓外景観による振動知覚、第26回環振資料、pp.13-22、2008
5) 後藤剛史：長周期水平振動時における窓外景観による振動知覚、音響技術、No.155 (Vol.40、No.3)、26-31、2011
6) 北原ほか：新潟地震による傾斜ビルの調査研究～傾斜室における眩暈と平衡、耳鼻咽喉科臨床58、1960

* 「環境振動シンポジウム（日本建築学会）」を略して「環振」と表記した（以下同じ）。

4章
振動の心理的、生理的、実務・社会的影響

　振動の建築物への影響に先立ち、この章では人体への影響について概括する。振動が人体に及ぼす影響には心理的影響と生理的影響があり、さらにその延長上に社会的影響がある。心理的影響とは、振動を不快である、煩わしい、不安であるなどと感じることである。振動の大きさに関し、感じられない大きさから感じるようになる大きさへの境界を知覚限界というが、心理的影響は知覚限界よりも大きな振動が対象となる。生理的影響とは、一般には振動により循環器、呼吸器、消化器、内分泌系などに変化が現れることである。環境振動で対象とする振動の大きさは（VL）55〜75dB程度であることが多いが、振動によりこのような生理的影響が現れるのは90dB以上といわれており、通常の環境振動の対象範囲を超えている。しかし、振動の暴露時間との関りによっては、90dB以下であっても睡眠妨害や動揺病のような生理的影響が見られることがある。もちろん、これらは振動の暴露時間との関わりで変化することになる。

4.1　心理的影響

　建物内の居住者が振動を直接体感しなくても、窓ガラスなどがカタカタと音を立てたり、水槽の水面がユサユサあるいはバシャンバシャンと揺れたりすると、間接的に振動として心理面に影響を及ぼす。振動による影響は、このような視覚さらには聴覚なども含む総合的な要素によってもたらされる。さらに、その様な状態の発生原因や発生過程によっては苦情として表面化することもある。

(1) 情緒的被害
　振動がある大きさを超えて長期間作用すると、その時の心理状態にもよるが、不快感やイライラ感がつのり、怒りっぽくなったり塞ぎこんでしまったり**情緒不安定**な精神状態となって日常生活に支障をきたす場合がある。

(2) 精神集中障害

同じように、振動がある大きさを超えて長期間作用すると、集中力、判断力、さらには記憶力の低下が生じ、**作業効率や学習能力**の低下に繋がる場合がある。

(3) 心理的影響の評価方法

上述した振動の心理的影響を調べるために、以下のような方法が用いられている。

(a) 振動台実験

被験者を図4-1のように振動台に乗せ、異なるレベルの振動を与えてその反応を見る方法である。一般に、入力は**正弦波**で与えられる。通常の生活に比べ、**振動刺激**が小さいと被験者は振動の知覚に意識を集中させるため敏感になり、逆に振動刺激が大きくなると実験であるという安心感から反応が控えめになる傾向が見られる。また、振動刺激が小さい範囲では反応の**ばらつき**が大きく、振動刺激が大きくなると反応のばらつきは小さくなる傾向がある。環境振動に関する研究のために展開していった法政大学後藤研究室の3代にわたる振動再生装置を**写真4-1**に、また振動実験の状況を**写真4-2**に示す。

(b) 居住者反応調査

実際に日常的に振動に暴露されている居住者への意識調査と合わせて振動計測を行い、両者の関係を分析する方法である。したがって、対象となる振動は

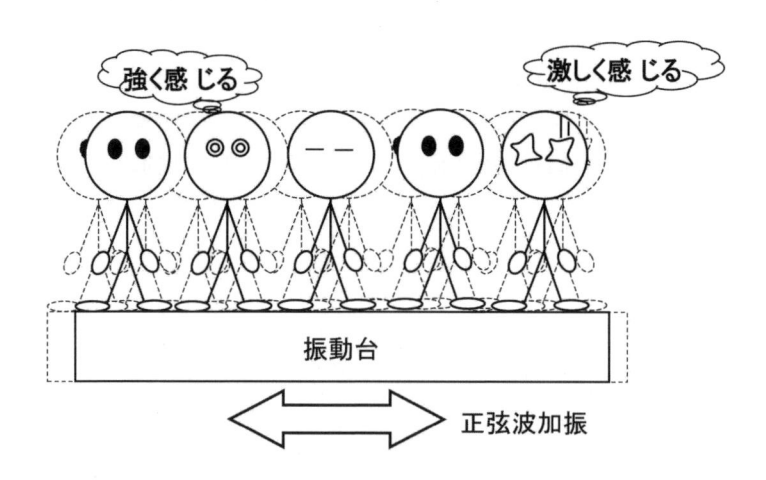

図4-1 振動台実験による心理的反応評価

4章：振動の心理的、生理的、実務・社会的影響

初代
（1960年代〜）

二代目
（1970年代〜）

三代目
（1990年代〜）

写真4-1　振動再生装置の歴史（法政大学後藤研究室）

快適性

作業性

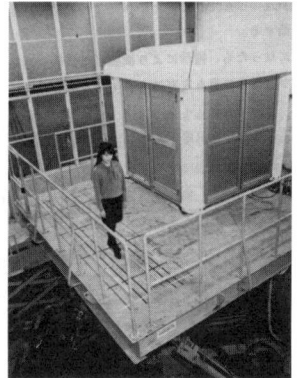

歩行性

写真4-2　振動実験状況（法政大学後藤研究室）

その場で現実に発生しているランダム波である。しかし、このような実験や調査で得られたデータから導かれた結果は、常に強い**あいまいさ**を伴っており、定量的にデータを評価することは容易ではない。

4.2 生理的影響

(1) 休息・睡眠妨害

通常の環境振動の範囲で、しばしば生理的影響として取り上げられるのが図4-2に見られるような**休息・睡眠妨害**である。休息・睡眠妨害は正常な人間の疲労回復機能を低下させる。睡眠には身体の休息のための**レム睡眠**と大脳の休息のための**ノンレム睡眠**とがある。レム睡眠のレムはREM（Rapid Eye Movement）のことであり、睡眠中であるにもかかわらず眼球が急速に動いているような状況下にある睡眠である。夢を見るのは主にこのレム睡眠の時である。現代の成熟社会においては、ストレスの溜まる仕事を終えて自宅で静かに過ごす休息時間を確保することが以前にも増して重要視されている。

振動の睡眠に及ぼす影響を検討した研究は少ないが、睡眠の深さを脳波のパターンにより覚醒、入眠期（深度Ⅰ）、中程度の睡眠（深度Ⅱ）、深い睡眠（深

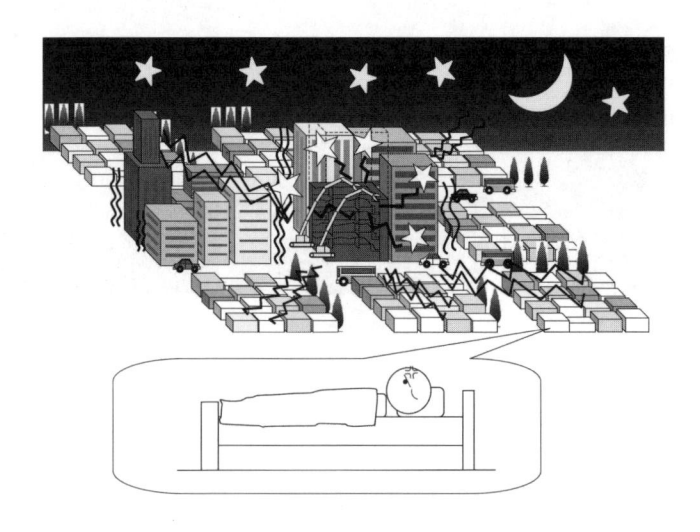

図4-2 生理的影響としての睡眠妨害

度Ⅲ、Ⅳ）に分け、睡眠中に振動を与えて覚醒の有無を実験した例がある[1]。60dB以下では振動の影響はほとんど見られないが、65～70dBから浅い睡眠に影響が現れるようになり、75dB以上になると深い睡眠にも影響が見られるようになる。睡眠を確保するために、夜間における振動の上限値は65dBになっているが、これは建物の中で浅い睡眠に影響が現れる70dBから5dBを引いて地表面の値に換算したレベルである。なお、ここで使用しているdBは後述（**5.3 (2) 参照**）する体感補正に基づく**振動レベル**（VL）である。

ところで、振動は必ずといってよいほど騒音を伴う現象であり、睡眠妨害の主要因が振動なのか騒音なのかを判断することは難しい。

(2) 頭痛・胃腸障害

全身暴露振動により**自律神経系**のバランスが崩れると、胃腸障害、血圧上昇、不眠・めまい・頭痛、さらには内分泌系の異常などの症状が現れることがある。胃はそれ自体の固有振動数が4～5Hzにあるため、この近傍の振動数に反応しやすい。胃の近くの組織に影響を及ぼし、胃炎、胃潰瘍、十二指腸潰瘍を発症することもある。

図4-3　長周期振動による動揺病

(3) 動揺病

1Hz以下の長周期振動が大きくなると**動揺病**を発症することがある。航空機・列車・自動車・船舶・遊園地の遊具などの乗り物により発症することが多い。居住環境では、**図4-3**のように強風や地震により**高層建築物**が**長周期水平振動**で揺れた時に動揺病の発症が報告されている。動揺病は**3.2**で示した**前庭器官**への刺激を介して**自律神経系**の機能障害を生じたもので、特に**交感神経系**の緊張性の刺激により発症するといわれている[2]。動揺病の主症状は悪心であり、めまい、生あくび、冷や汗、動悸、頭痛などを伴い、形相にも変化が表れ、さらに進行すると嘔吐に至る。東日本大震災では、本震における長時間の揺れと、その後の余震の多発によって「地震酔い」と呼ばれる症状が多発したことが報告されている。

(4) 白蝋病

居住環境においてではなく、建築・土木などの作業従事者にとってであるが、**手腕振動**による**白蝋病**も無視できない（**図4-4**）。チェーンソー、ロックドリル、ハンドハンマなど、強い振動が発生する工具を長時間使用すると発病しやすい。白蝋病とは、手足の血管が収縮することにより生じる血管性運動神経障害のことであり、血行不良となった指が白蝋のように白色化することから名付けられ

図4-4 産業障害としての白蝋病

た。指の痺れ、感覚鈍磨、疼痛などの症状を伴う。労働衛生の領域や国際規格ISOでは産業障害の対象として重要視している。

(5) マッサージ効果

振動が引き起こすネガティブな面ばかり述べてきたが、振動が人体に及ぼすポジティブな効果もある。振動を人体の一部に作用させると、**マッサージ効果**あるいはリラクゼーション効果により、血流や代謝機能が良くなり、肩・腰・脚等の疲れが取れ、血圧が安定し、消化機能も改善されるといった効果がみられる。

4.3　生活空間への影響

私たちが日常生活している建築空間内にある程度の振動が生じると、上述した他にも身の回りで様々な変化が生じる。食卓の上のペンダントライトが揺れたり、家具や建具ががたがた鳴り出したりする。こうした生活空間での振動に

表4-1　図4-5の記号説明

記号	内容
A	真ちゅう球のスウィング開始
B	球の転がり開始
C	平均値知覚閾
D	明確な知覚：50%の範囲
E	片足立位：なんとか立位可能
F	照明具：揺れ幅20mm
G	注水作業：こぼれ水量4倍
H	船酔い：開始限界
I	注水作業：こぼれ水量8倍
J	浴槽水：長辺での10mm上下
K	照明器具：揺れ幅40mm
L	什器類：視認できる揺れ開始
M	什器類：発音開始
N	什器類：転倒開始

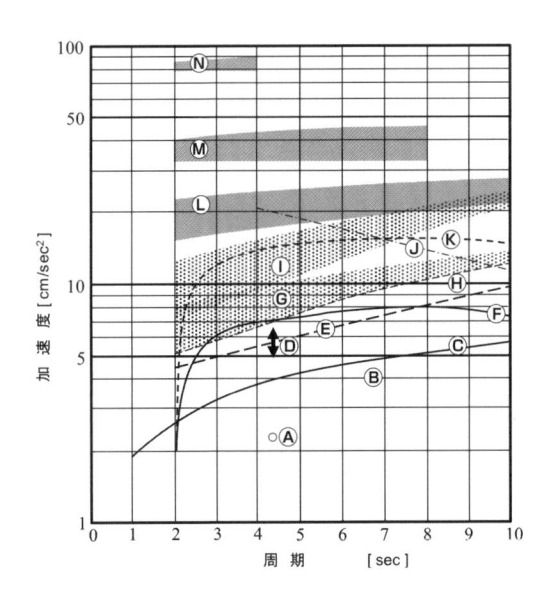

図4-5　動揺居住空間内での諸現象変化

伴う変化は、住む人に振動の知覚を確認させたり、さらに程度が増すと恐怖心を煽ったり、避難しようとした時の支障になったりもする。したがって、環境振動の領域においては、こうした事項に関しても事前にできるだけ広い視野で具体的に状況を把握しておく必要がある。**図**4-5は、以上の観点から、振動台実験により**長周期水平振動**を対象として振動の大きさに対する生活空間内での状況変化を捉えた資料である。**表**4-1は同図の曲線の内容を示している。こうした資料は、**遠地地震**による**長周期地震動**に対する事前の備えにも繋がる資料として位置づけることができる。

4.4　実務・社会的影響

　環境振動は、心理・生理的影響を越えて、さらに実務面、社会面にも影響を及ぼすことがある。心理的・生理的影響も含め、このようなことが起こらないように、建設地周辺の環境や建設する建物の用途等に合わせて、環境振動とのかかわりを十分に理解し、的確な構造形式や工法の採用に心がけ対処する必要がある。

(1)　作業効率

　高層建築物の高層階では、長期間にわたる強風時の長周期水平振動に伴って従業員の**作業効率**が低下し、**営業中断**を招く場合がある。車道から至近距離に新築したポスター写真館（フォトスタジオ）で、常時発生する**道路交通振動**によりレンズの絞りを開放した写真撮影ができなくなった事例もある。また、鉄骨造の建て方に際して、躯体に振動が生じ作業効率への支障が指摘される場合がある。

(2)　生産効率

　高速道路からある程度離れているにも関わらず、大型車の通過によりしばしば衝撃的振動が発生し、生産品の歩留まりを悪くした工場の例がある。また、もともと精密電子部品の生産工場があった場所の近くに高速鉄道の軌道敷設計画が持ち上がった時、**生産効率**の低下を懸念する周辺工場から鉄道ルートの大幅修正を迫られた事例もある。

(3) 環境の悪下

ヨーロッパでは、郊外への**地下鉄**の延長計画に伴い、従来は静穏だった住宅地に振動障害の発生とそれに伴う居住環境の悪化を懸念して住民の反対運動に発展した事例がある。また、都心部の地下鉄駅の新設により、文化的価値の高い建物への振動による環境劣化の懸念が生じ、道路や鉄道の工事に対する反対運動が起こった事例もある。わが国でも、地表面の道路・鉄道から高架の道路・鉄道への工事後、建物外部の振動環境が変化して、それまでは揺れなかった建物に振動が生じるようになった例などが報告されている。環境が悪化すれば当然ながら不動産価値の低下を招くことになる。

(4) 苦情・訴訟等の社会的反応

建設現場、地下鉄工事、工場、鉄道、道路などからの振動により、建物のひびわれ、照明器具の故障、家具の破損など、目視で確認できるような場合は振動規制法に則って振動源側の責任が問われる。しかし、**振動感覚**という眼には見えない事象に対する苦情[3,4]が発生した場合は、**図4-6**のように施主と設計事務所や建設会社との間の係争に繋がることもしばしばある。振動の発生により、設計者あるいは施工者との信頼関係が損なわれた例や、実利・経済面への直接的影響が及ぶようになった例も少なくない[5]。

図4-6　社会的影響としての苦情・訴訟

参考文献
1) 山崎和秀：睡眠と振動、第17回音・振動シンポジウム資料、pp.3-7、1981
2) 岡田晃：振動と動揺病、第17回音・振動シンポジウム資料、pp.9-13、1981
3) 鹿島教昭：苦情から考える環境振動問題、第22回環振資料、pp.3-7、2004
4) 工藤忠良：消費者の相談内容にみる環境振動問題の現状、第23回環振資料、pp.13-22、2005
5) 斉藤隆：訴訟事例にみる環境振動問題の現状、第23回環振資料、pp.5-12、2005

5章
振動感覚特性の定量化

　私たちは建物内において直接にしても間接にしても床に支えられて生活を営んでいる。そうしたことから私たちが受ける振動はほとんどの場合、全身暴露振動と言える。したがって、ここでの対象振動は全身暴露振動が前提となる。

　振動刺激が人体に作用すると、3章で確認したように人体は振動を感知し、4章で見てきたように意識的あるいは無意識的に反応する。このため、物理現象としての振動を人間の感覚量として評価するために振動感覚特性を知っておく必要が生じる。振動感覚特性は、人体の姿勢と向き、振動刺激の周波数特性、振動暴露時間等に依存することが知られている。

5.1　姿勢と振動方向

　振動に対する人体の知覚や反応の程度は、それを受ける際の**姿勢**や**方向**によって左右される。姿勢は、**立位**（立っている姿勢）、**座位**（座っている姿勢）、**仰臥位**（寝ている姿勢）の3つに分けられる。なお、座位には腰掛けと直座とがある。立位の時、振動は足の裏から入り、脚部、臀部、腹部を経て身体中に伝搬する。座位の時、振動は椅子に腰掛けの場合でも畳に直座の場合でも人体へは臀部から入る。仰臥位の時は、水平面と接触する体躯部とともに枕を介して頭部からも入る。乗り物ではもっぱら腰掛け座位に対する検討が行われ、走行方向に対する向きもほぼ定まっている。しかし、建物内部では姿勢、向きとも任意となる。振動性状によっても異なるが、一般には立位が最も敏感で、座位、仰臥位の順に振動に対する感度は弱まる傾向がある。

　国際規格ISOでは各姿勢に対して振動の方向を**図5-1**のように定義している[1]。これは宇宙空間を前提とした普遍的対応を意図した人体解剖学的軸の導入であり、心臓から頭の方向をZ軸、これに直角の前後方向をX軸、これに直角の左右方向をY軸にとっている。しかし、建築空間、すなわち環境振動では地球軸を前提とし**水平・鉛直振動**として取り扱う方が建築物の部位構成方向と一致していて理解しやすい。ISO2631-1が人体軸を対象としているのに対し、日本建築学会やISO2631-2などの建物を主対象としている評価においては、水平・鉛

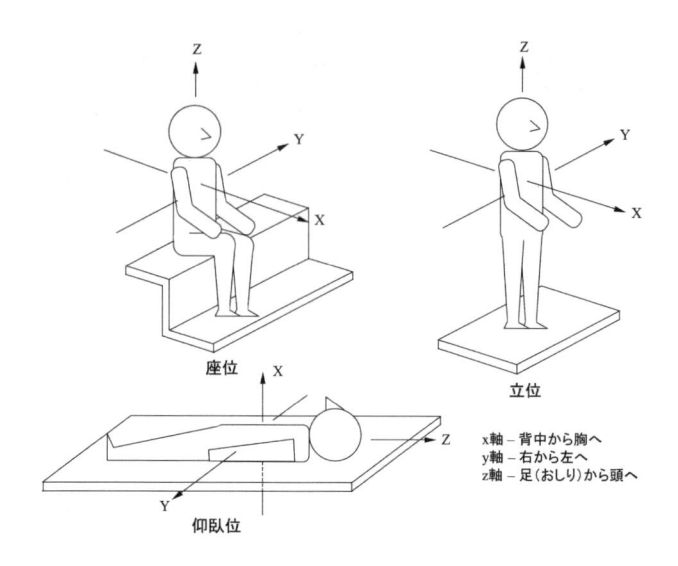

図5-1 振動の方向と人体軸（ISO2631-1）

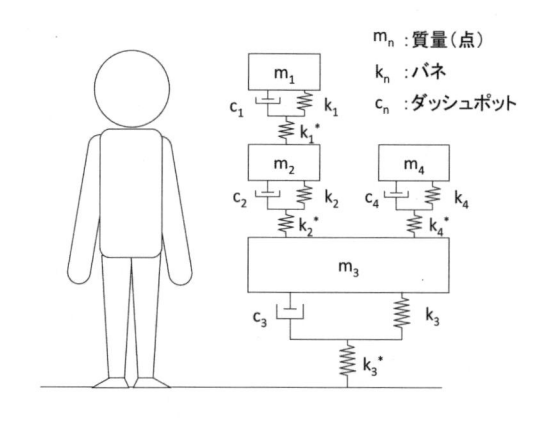

x軸 – 背中から胸へ
y軸 – 右から左へ
z軸 – 足（おしり）から頭へ

図5-2 人体の質点系モデル

m_n：質量（点）
k_n：バネ
c_n：ダッシュポット

直方向での取り扱いになっている（**10.1**、**10.2(3)** 参照）。**振動規制法**では建物外部の**地盤振動**が前提になるので、さらに水平・鉛直指向が強くなる。

振動刺激が人体に作用し、振動が人体を伝搬する過程において、振動はある部位では共振して増幅し、別の部位では吸収されて減衰する。**図5-2**のように、

人体を頭、腕、脚、胴、胸、尻などで構成される質点―ばね―ダシュポット系としてモデル化し、振動が人体をどのように伝わるかを人間工学的観点から検討した研究もある。

5.2 振動感覚補正

　人体が振動に全身暴露された場合、感じる振動数の範囲は0.1Hzから500Hzといわれている。この範囲において、振動の大きさの感じ方が振動数に関して一定せずに変化することを振動数依存性という。言い換えれば、私たちは振動数に関して振動を感じる鋭敏さが異なるということである。しかも、その変化状況は**水平振動**か**鉛直振動**かでも違っている。このような**振動感覚**の**振動数依存性**を表現するために振動感覚補正特性が用いられる。**振動感覚補正**は体感補正と呼ばれることもある。以下に代表的な感覚補正特性を示す。なお、ISO指針の各内容に関しては10章で解説展開している。

(1) ISO2631-1 (1997) における**感覚補正特性**

　人体感覚の振動数依存性に対応した重み付け曲線として、**図5-3**のように主要な重み付け（W_k, W_d, W_f）と付加的な重み付け（W_c, W_e, W_j）がそれぞれ3種類ずつ、計6種類が示されている[1]。これらの曲線の意味は、上に位置づけられるほど感じやすく、下に位置づけられるほど感じにくいことを意味している。1974年のISO2631以来、Z軸方向の振動（W_k）に関して、人体が最も敏感に感じる周波数範囲を4～8Hzとしていたが、1997年の改定ではこの範囲が4～12.5Hzに広がった。評価項目は保健、快適性、知覚、動揺病の4種類で、それぞれ別個に**周波数重み付け曲線**が定められている。考慮する周波数領域は、保健、快適性、知覚に関しては0.5～80Hz、動揺病に関しては0.1～0.5Hzである。6種類の周波数重み付け曲線は、人体に対する振動方向と評価する身体部位に応じて使い分けるようになっている。

(2) ISO2631-2 (2003) における**感覚補正特性**

　建物内部の居住者は姿勢と向きを自由に取ることができるので、ISO2631-1で決められた姿勢・方向別の周波数重み付け曲線ではなく、姿勢・方向には無

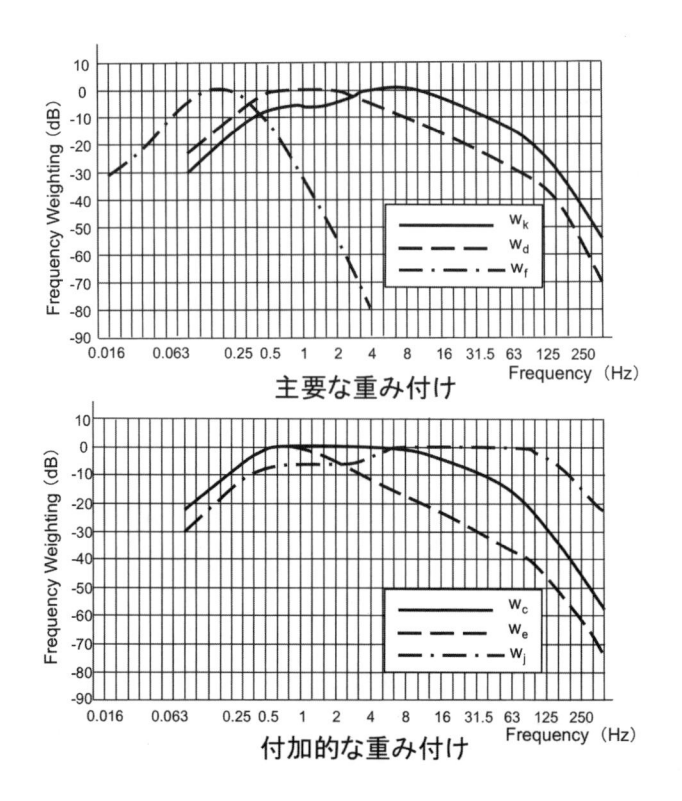

図5-3 ISO2631-1における感覚補正特性

関係に決まる**図5-4**の周波数補正特性 W_m を用いる[2]。ISO2631-2の付録には、周波数領域1～80Hzにおける1/3オクターブバンドの中心振動数ごとに重みの数値が与えられている（**10.2(4)** 参照）。なお、工場内での作業のように、建物内部でも姿勢と向きが一定と見なせる場合は、ISO2631-1の周波数重み付け曲線を用いても良い。

(3) 振動規制法（1976）における感覚補正特性

重みづけ曲線と同じ意味を持つ振動規制法で用いられる補正特性（**図5-5**）は、ISO2631（1974）の**疲労・能率減退境界**に準拠している[3]。対象とする周波数領域は1～80Hzである。鉛直振動に対する振動感覚は、振動数4～8Hzで感度が高く、すなわち感じやすくなり、それより振動数が高くなっても低く

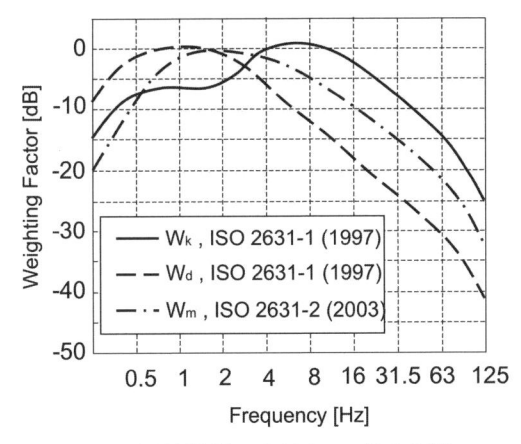

図5-4 ISO2631-2における周波数補正特性

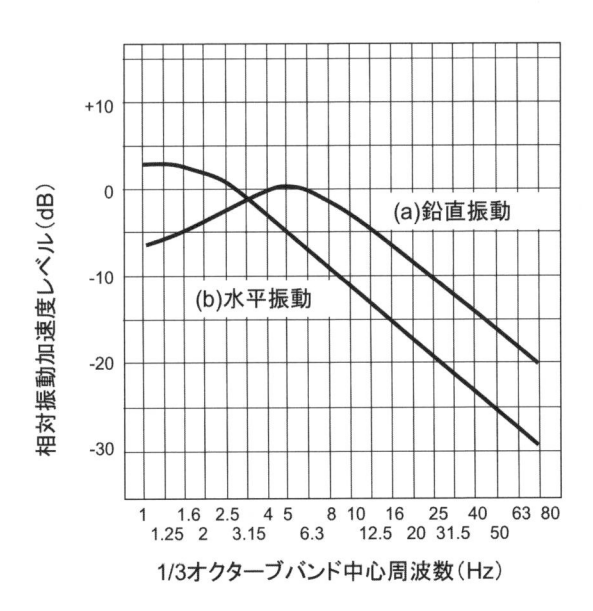

図5-5 振動規制法における感覚補正特性

なっても感度は低下する、すなわち感じにくくなる。水平振動に対する振動感覚は、振動数1～1.6Hzで感度が高く、振動数が高くなるにつれて感度は低下する。鉛直振動と水平振動を比べると、振動数10Hz以上では鉛直振動は水平振動よりも感度がよく、振動数3Hz以下では水平振動の方が感度がよい。振動感覚補正値は、鉛直振動の感度が最も高い4Hzを基準とし、これを0とおいてほかの振動数の値を定めている。周波数ごとに示されるこれらの補正値を相対レスポンスとも呼ぶ。

5.3 振動感覚補正の評価法

(1) ISOにおける評価法

ISOにおける評価では振動方向3成分の周波数補正加速度実効値を次式の合成振動値 a_V（rms値）を用いて評価する[1]。

$$a_V = \sqrt{k_x^2 a_{wx}^2 + k_y^2 a_{wy}^2 + k_z^2 a_{wz}^2} \tag{5.1}$$

ここに、a_{wx}、a_{wy}、a_{wz} は x, y, z 方向の周波数補正加速度実効値、k_x、k_y、k_z は x, y, z 方向成分を合成するための係数であり、対象評価ごとに値が定められている。衝撃振動や波高率が9以上となる場合には、短い積分時定数を用いて衝撃と過度振動を考慮する。

(2) 振動規制法における評価法（振動レベル：VL）

振動規制法では、人間が感じる振動の大きさを表すために**補正加速度レベル**あるいは**振動レベル（VL）**が用いられる[4]。振動レベルは、2.2(3) に示した振動加速度レベル（VAL）に**振動感覚補正**を加えたものであり、次式で与えられる。

$$L = L_a + C_R \tag{5.2}$$

ここに、L は振動レベル（VL）、L_a は**振動加速度レベル（VAL）**、C_R は振動感覚補正加速度（相対レスポンス）である。VAL同様、単位はdBを用いる。人体にようやく感じられる振動レベルの値は約55dBである。2.2(3) でも触れているように、VAL値はあくまでも各周波数に対応した値であるが、VLは周波数に関わらず同一補正曲線上の値として示される。このため、VAL-dB値の

表示では振動数を伴う必要があるが、VL-dB 値の表示には振動数を伴う必要がない。

5.4 振動暴露

振動に暴露される時間の長短によって、人々の受ける精神的なストレスや健康面での影響は異なる。振動が人体に与える**累積効果**を評価する上で暴露される時間は重要である。

(1) 振動暴露時間

同じ大きさの振動であっても、その**振動暴露時間**が長くなるほど不快感や不満感は大きくなる。これとは逆に、暴露時間が長くなると、振動に対する慣れ（順応）によって振動が気にならなくなる傾向も見られる。

(2) 振動暴露量

ISO では、振動の累積効果を表す**振動暴露量**を振動感覚補正加速度の 4 乗積分値 4 乗根（VDV）値として次式で与えている[1]。

$$A = \sqrt[4]{\frac{1}{T}\int_0^T a^4\, dt} \tag{5.3}$$

ここに、a は振動感覚補正加速度、T は暴露時間である。

式（2.3）に示した**実効値**（rms 値）の a に振動感覚補正加速度を用いれば、これも振動暴露に対する累積効果を表していると見ることができる。定常ホワイトノイズに複数のインパルス波を合成した波に対して、式（2.3）の rms 値と式（5.3）の 4 乗積分値 4 乗根値とを暴露時間 T を横軸にとって比較した**図 5-6** を見ると、rms 値は増減を繰り返しながら累積していくのに対して 4 乗積分値 4 乗根値は段階的に累積していくこと、インパルスの発生時刻を 4 乗積分値 4 乗根値の方が明確に把握できる等、指標としての優位性が認められる。なお、名称が長いこともあり、単にドーズバリューと呼称することが多い。なお、上述のホワイトノイズとは、全ての周波数帯域においてエネルギーが均一に分布している雑音のことである。

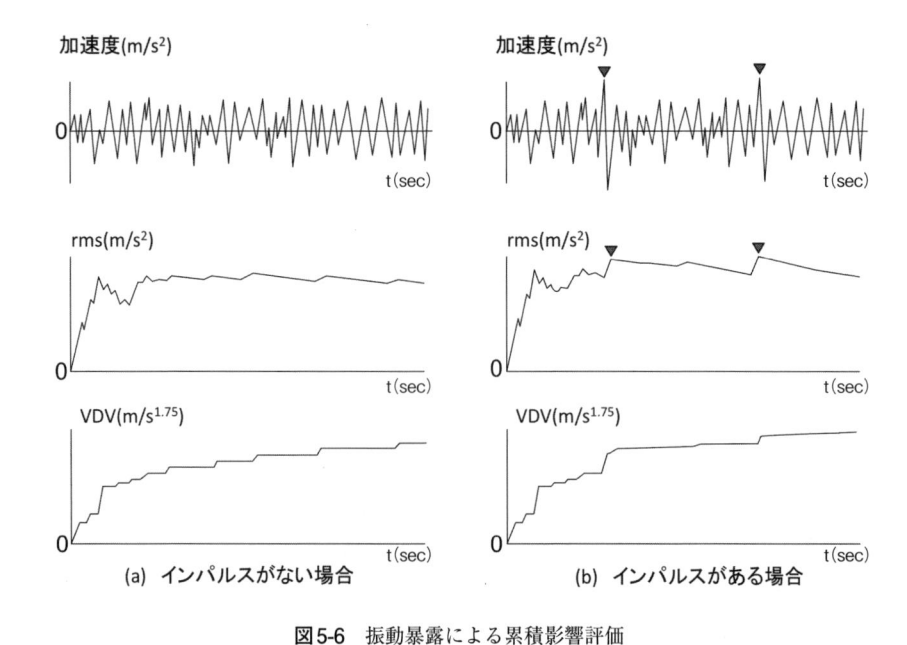

図5-6　振動暴露による累積影響評価

参考文献

1) ISO2631-1：Mechanical vibration and shock-Evaluation of human exposure to whole-body vibration-Part 1：General requirements、1997
2) ISO2631-2：Mechanical vibration and shock-Evaluation of human exposure to whole-body vibration-Part 2：Vibration in buildings（1 to 80Hz）、2003
3) ISO2631：Guide for the evaluation of human exposure to whole-body vibration、1974
4) JIS C 1510：振動レベル計、1976

6章 多様な振動源

　振動は、動的な撹乱とその撹乱を受ける媒体の慣性との相互作用により生じる。動的な撹乱は、力として与えられることもあれば変位として与えられることもある。一定の場所で撹乱を引き起こす振動源を固定振動源、場所を変えながら撹乱を引き起こす振動源を移動振動源という。撹乱を受ける媒体は、固体、液体、気体のいずれであっても成立し、実際、環境振動では、これら全てに関わる振動が対象になる。

　振動源を総体的に整理し図6-1に示す。建物内部の人体に影響を与える振動の発生源は、振動源が建物の外部にある外部振動源と建物の内部にある内部振動源に分けられる。さらに外部振動源は自然振動源と人工振動源に分けられる。自然振動源は自然現象に伴う振動要因であり、風、地震、波浪等がある。人工振動源は人間活動により引き起こされる振動要因であり、人間活動が活発な都市部ほど種類が多く、振動振幅は大きくなる。内部振動源は人工振動源のみであり、人間行動や使用機器等がその原因になる。以下、上記の順序とは異なるが、環境振動との関わりに主眼を置いて、それぞれの振動源について概括する。

6.1　人工振動源—外部

(1) 交通振動

　交通振動には**道路交通振動**と**鉄道振動**がある。かつての交通振動は地表面を走る交通システムだけを考えていればよかった。しかし、最近では、図6-2に見るように、地表面だけでなく高架や地下を含めた交通システムの三次元化が進行している。

(a) 道路交通

　自動車が道路を走行することにより発生する振動を**道路交通振動**と呼ぶ。振動の発生源は自動車であるが、振動影響は道路構造にも大きく依存する。**平面道路**、**高架道路**、および**地下道路**からの振動影響には以下のような特徴がある[1~3]。

1) 平面道路

　地表面に位置づけられている道路を**平面道路**と呼ぶ。この平面道路からの

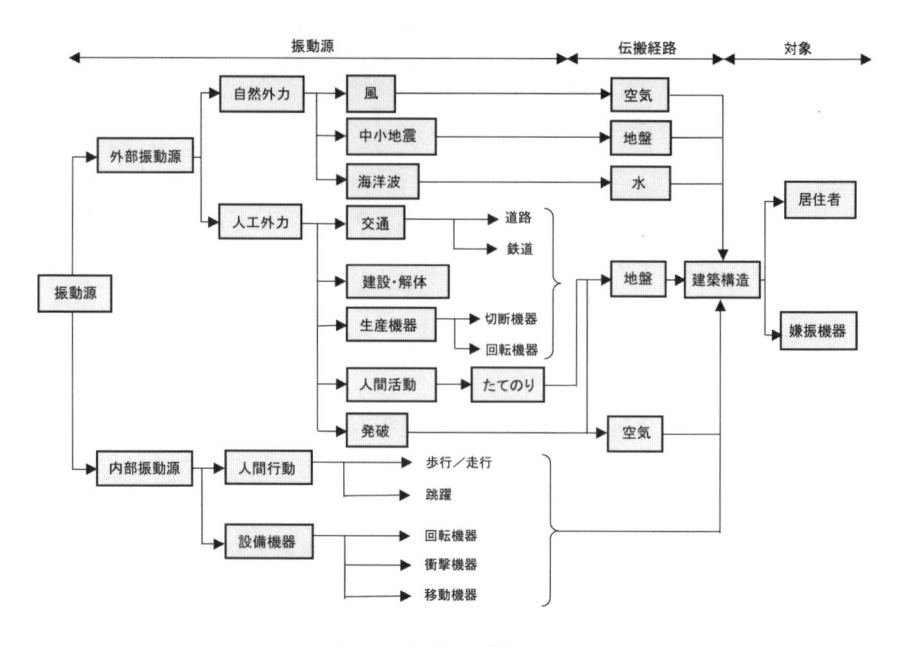

図6-1　振動源の位置づけ

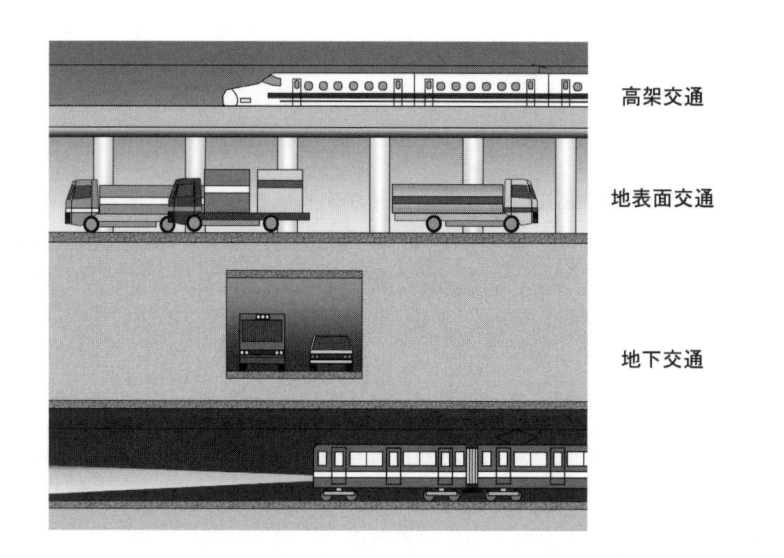

図6-2　道路・鉄道の立体化がもたらす交通振動

地盤振動は**鉛直振動**が優勢である。大きな振動発生の主な原因は①路面の凹凸や不連続性、②積載を含む車両の重量、そして③走行速度である。大型ダンプが段差を通過する時の動的接地荷重は、3Hz前後の車体系−ばね上振動数成分と10Hz前後の車軸系−ばね下振動数成分を励起する。満載時には車体重量の増加によりばね上振動数成分が支配的になり、空載時にはばね下振動数成分が支配的になる。路面が平坦な場所では車両の固有振動数成分が卓越し定常的な振動荷重となるが、段差のある場所では衝撃的な振動荷重となる。平面道路からの振動を低減するには、路面を可能な限り連続して平滑に維持することに加え、走行車両の規制、速度制限などに配慮する必要がある。

2) 高架道路

高架道路における振動源としては、路面の凹凸よりも高架橋床版の伸縮継手における段差の影響が支配的である。車両と高架橋の連成問題となり、車両特性に加えて高架橋各部の構造特性が発生振動に影響を与える。車両が伸縮継手を通過すると衝撃的な振動荷重により高振動数成分が卓越する。しかし、それ以外の定常的な振動荷重では、隣接敷地における卓越振動数は5Hz以下の低周波数領域のみとなる。これは高架橋がローパスフィルタ（9.3(2)参照）となって、主に桁振動を伝搬するからである。平面道路では鉛直振動が優勢になるが、高架道路では**鉛直振動**だけでなく、橋軸に直交する**水平振動**が同等あるいはそれを超えるようになる。したがって、高架道路の振動計測は鉛直振動のみを対象とするのでは十分とは言えない。高架道路からの振動を低減するには、伸縮継手の段差改良、ノージョイント化、多径間連続桁の採用などに配慮する必要がある。また、振動が杭を伝搬し支持層まで達してから放射され、側近よりも離れた建物を揺らすこともあるので注意が必要である。

3) 地下道路

高速道路はこれまで一部の区間を除くともっぱら高架道路として建設されてきた。しかし、最近では首都高速中央環状新宿線のように、都市部の地下を貫通する**地下道路**として建設される傾向がある。大深度地下のため、地上の居住空間への影響は小さいと言われているが、地下道路と高架道路を繋ぐジャンクションや地下道路の換気のために設けられる換気塔の近くでは、道路施設の躯体を直接伝搬する振動の影響が懸念される。

(b) 鉄道

列車が軌道を走行することにより発生する振動を鉄道振動と呼ぶ。振動の発生源は車両であるが、振動影響は軌道・線路構造にも大きく依存する。**平面鉄道**、**高架鉄道**、および**地下鉄**からの振動影響には以下のような特徴がある[4〜6]。

1) 平面鉄道

平面鉄道は平面道路と同様、振動は**鉛直振動**が優勢である。鉄道振動は列車が通過する時にだけ発生する**間欠振動**である。鉄道振動の特徴は、高周波数領域が卓越すること、複数の振動数でピークが生じることである。地盤条件にはあまり依存せず、走行する列車の車両条件や速度により特徴的なスペクトル特性をもつ。例えば、速度200km/hで走行する**新幹線**による沿線でのスペクトルは、6Hz（低域）、16〜20Hz（中域）、40〜50Hz（高域）の3つの帯域にピークをもち、その中でも中域が卓越している。低域と中域は列車速度とともに高振動数側にシフトするが、高域は列車速度に依存しないことが報告されている。

2) 高架鉄道

平面振動では鉛直振動が問題になることが多いが、**高架鉄道**になるとその躯体が**水平振動**を生じるため、鉄道の近傍地盤では鉛直振動と水平振動の両方に留意する必要がある。高架を走る新幹線では20Hz前後が卓越する。

3) 地下鉄

地下鉄からの振動は40〜60Hzの周波数領域が卓越する。地下鉄は幹線道路の下に敷設されることが多いため、道路交通振動の方が目立ち、問題になることは比較的少ない。しかし、軌道に隣接する建物の地下室や軌道直上の建物の低層階で振動が発生することや、地盤や杭から躯体へと振動が伝搬し、その後、壁や床から**固体伝搬音**として放射されることがある。固体伝搬音が発生する理由は、軌道振動に数百〜数千Hzの高振動数成分が含まれているためである。なお、近年、鉄道軌道は突きつけレールからロングレールへの取替えが進んでおり、周辺への振動放散及び乗り心地の面で改善が進んでいる。

(2) 工場

工場で発生した振動が近隣に影響を及ぼす原因として多いのは金属加工に用

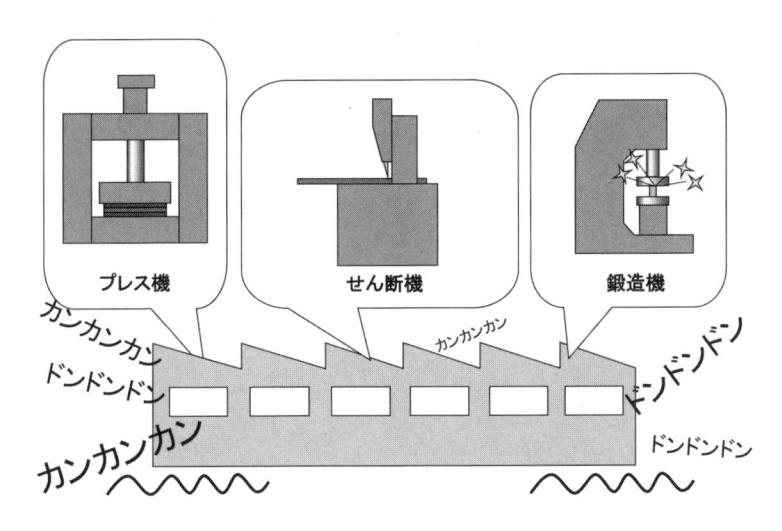

図6-3 生産機械から発生する工場振動

いられる生産機械である（**図6-3**）。これは、金属加工には大きな圧縮力やせん断力を要すること、さらには激しい往復運動や回転運動を伴う大型機械を使用することによる。コンクリート基礎上の代表的な生産機械からの振動影響には以下のような特徴がある[7〜9]。

(a) 液圧プレス

大型の金属成形を行う機械であり、素材を金形で押し挟む時と離れる時の2回振動が発生する。**剛基礎**では10〜30Hz、**柔基礎**では10〜15Hzが卓越し、振動の大きさは剛基礎で50dB程度、柔基礎で60dB程度である。なお、剛基礎は固定基礎とも呼ばれ、剛体と見なせるような剛性の極めて大きな基礎のことであり、柔基礎は変形が認められるような比較的剛性の小さな基礎で弾性支持とも呼ばれる。

(b) 機械プレス

金属の打ち抜きや切断を行う機械であり、素材と金形が衝突する時に衝撃振動を間欠的あるいは連続的に発生する。周波数に関する卓越部分はなく5〜60Hzの周波数領域に広がり、振動の大きさは**剛基礎**で60〜70dB、**柔基礎**で40〜60dBである。

(c) せん断機

鋼板を切断する機械であり、切断の前後を通じて振動が発生する。**剛基礎**では15～30Hz、**柔基礎**では5～15Hzが卓越する。振動の大きさは剛基礎で60dB程度、柔基礎で50dB程度である。

(d) 鍛造機

鋼塊の鍛造と成形を行う機械であり、鋼塊を金形で押し挟む時の衝突により振動が発生する。**剛基礎**では15Hz程度、**柔基礎**では10Hz程度が卓越する。振動の大きさは剛基礎で65～75dB、柔基礎で55～65dBである。

(e) 圧縮機

圧縮気体を用いて加工する工場に設備され、回転やピストンの往復運動により振動が発生する。往復式の場合、**剛基礎**では30Hz程度、**柔基礎**では10Hz程度が卓越する。振動の大きさは剛基礎で50～65dB、柔基礎で65～80dBである。

(3) 建設工事

外部振動源による全国苦情件数は年間2,000件を超えているが、その約6割を占めて最も多いのが**建設作業振動**である（**図6-4**）。建設工事は一定期間で終了するが、再開発などの大規模工事になると長期間振動が継続する。建設工事によって発生する振動は、杭打作業、掘削作業、運搬作業、締め固め作業、舗装作業、解体作業など多岐にわたる[10～13]。その中でも解体による**苦情**は目立って多い。建設機械別に見ると、かつては杭打機による苦情が多かったが、最近は工法の改良により大幅に減少している。現在、建設機械からの苦情で上位を占めているのは、以下に示すように主に解体工事に使われるバックホウ、ブレーカー、圧砕機である。さらに、かつての杭打ちに代って既存杭の引き抜きに伴う苦情も目立つようになっている。

(a) バックホウ

掘削工事に用いる。油圧ショベルのバケットをオペレータ側に取り付け、土を下向きにすくい取る。

(b) ブレーカー

解体工事に用いる。コンプレッサからの空気圧や油圧でスプリングを作動させ、ノミ先に繰り返し衝撃力を発生させてコンクリートを破砕する。この衝撃により振動が発生する。

図6-4　解体工事と建設工事による建設作業振動

(c) 圧砕機

解体工事に用いる。はさみ状のビームでコンクリートを大割り圧砕し、歯の奥に取り付けたカッターで鉄筋を切断する。その後、大割りされたコンクリートを小割りにする二次圧砕を行う。こうした工程で生じる反力が地盤に伝達され振動が発生する。

(d) 杭の引き抜き

既存建物を解体して新築建物を建設する際、既存建物の杭を再利用する場合と新規に打設しなおす場合がある。後者の場合、既存杭の引き抜き工事が必要になるが、この時の杭と土との摩擦力の解放により振動が発生し、近隣住民への不快感の誘引を始め、建物への部分損傷に繋がることがある。

(4) 発破振動

山間地の採石場（丁場）や鉱山では発破による掘削作業が行われている。最近は、宅地造成やトンネル掘削工事でも発破作業を行うことがある。爆薬が爆発する際、爆発反力や岩盤の破砕に消費されなかったエネルギーが地盤の運動エネルギーとなって伝搬するのが**発破振動**である[14～16]。発破方式には単発発

破と段発発破がある。従来から、発生振動の規模を予測する上では最大速度振幅の予測式が用いられている。

(5) 群集振動

コンサート会場やスタジアムの群衆により発生した振動が地盤を伝搬し、他の建物にとっての外部振動源となることがある（6.2(1)(c)、(d) 参照）。

6.2 人工振動源—内部

(1) 人間の動作

建物内における**歩行**、**走行**、**跳躍**などの人間の動作は**床振動**を励起し、その振動が梁や柱などの躯体を伝搬し、建物内の他の場所に振動影響を及ぼすことがある[17〜20]。

(a) 歩行・小走り

歩行や**小走り**を観察することにより、**図6-5**に見るような床に作用する荷重曲線が導かれている。歩行の加振力は、踵の端末が接地してから踏み込みに至るピーク（p_2）と、ステップ移動に伴う窪みを経て蹴り出して次のステップに移行する際のピーク（p_3）の2峰で構成されている。成人による普通歩行では約2Hzごとの繰り返し加振となる。ピークの大きさは1人から4人までは歩行人数の平方根に比例することが報告されている。同調歩行では振幅が大きくなり、ランダム歩行では小さくなる。1人小走りの時の波形は一山になり、荷重の大きさは体重の約2.5倍になる。

(b) エアロビクス

多人数でリズムに合わせて跳躍や屈伸の激しい運動を繰り返すと、同位相多入力の加振状態となる（**図6-6**）。跳躍の加振振動数が床の固有振動数に近づくと応答振幅は増加し、上下階への振動伝搬が無視できなくなる。**エアロビクス**では加振振動数が2.5Hz程度で卓越し、滑らかな立ち上がりと急激な低下の三角形波が繰り返す振動波形となる。

(c) コンサートの「たてのり」

ロックコンサートなどでは、観客が曲に合わせて「**たてのり**」とよばれる爪先立ち→かかと着地→軽い屈伸→爪先立ちの繰り返し動作を行うことが多い

6章：多様な振動源   73

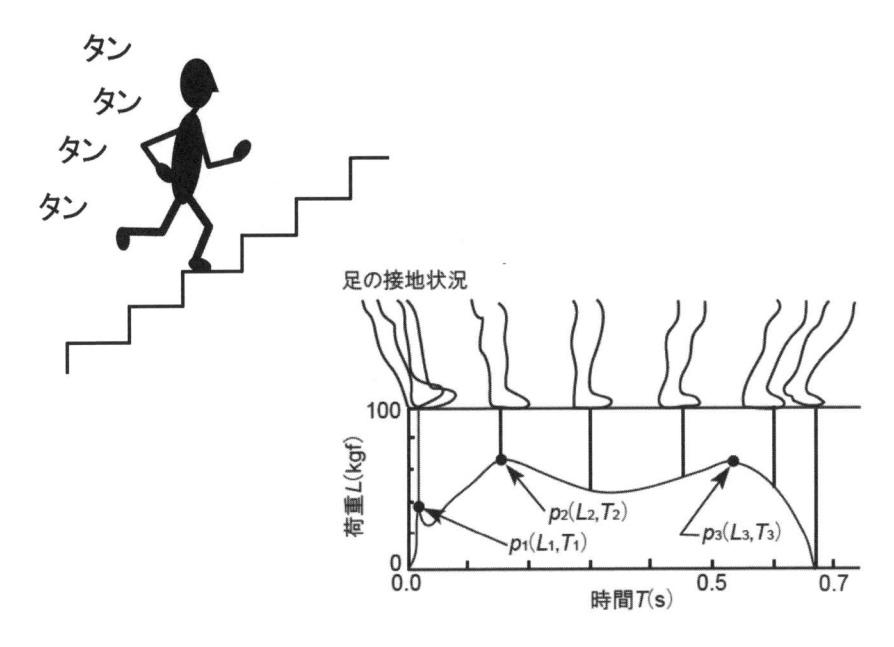

図6-5　人間の歩行・走行時の荷重変動

図6-6　エアロビクスによる床への加振

図6-7 スタジアムにおける群集振動

（図6-7参照）。この時、加振振動数と床の固有振動数が複合した床振動が生じる。

(d) スタジアムの応援

サッカーの試合展開に応じて観衆の応援動作が床の振動を引き起こす。群衆の加振振動数が卓越した床振動になる（**図6-7**）。

(2) 設備機器

建物には、**図6-8**に示すように、給排水設備、空調設備、ボイラー、エレベーターなどの**設備機器**が地下室や屋上に設けられ、その配管・配線が室内・室外を問わず取り巻いている。設備機器は特定のスペースに集中的に設置される場合もあれば、フロアごとに分散的に設置される場合もある。機械や配管から発生した振動は建物躯体を伝搬して、時には思いもよらない場所で増幅されトラブルを引き起こす。設備機器による振動の苦情は、直接知覚される**体感振動**の場合もあれば、躯体を伝搬してきた振動が壁面、天井面、床面から音として放射される**固体伝搬音**の場合もある。建物内部の設備機器から発生する振動には、

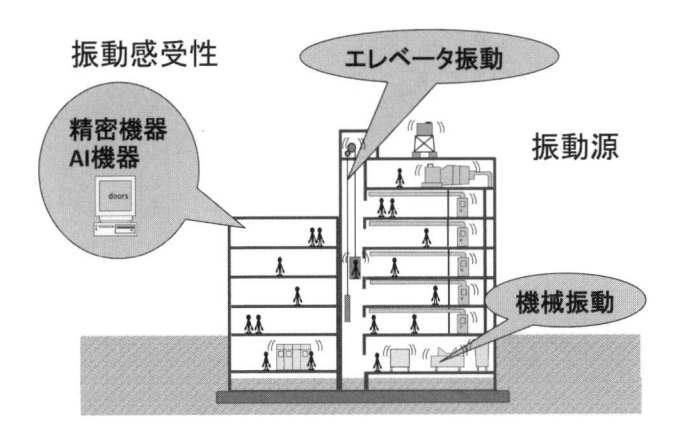

図6-8 設備機器から発生する振動

　回転あるいは往復の連続運転により発生する振動と流体の運動により発生する振動がある。振動源になる設備機器には以下のようなものがある[21]。

(a) エレベーター・駐車場設備

　モーター、歯車装置などから振動が発生する。エレベーターの離床・着床時には、音を伴って振動が伝搬するため、ホテルなどでは客室に対しての配置に配慮が必要となる。

(b) 空調設備・排煙設備

　冷却塔、送風機、モーター、圧縮機、冷凍機、配管系などが振動の発生源となることがあるので、機構のみならず設置方法にも配慮する必要がある（12.1参照）。

(c) 給排水設備

　給水管、排水管系などから**ウォーターハンマ**と呼ばれる衝撃音と振動を伴う現象が発生することがある。

(d) ボイラー設備

　燃焼機、ポンプ、送風機などに付随する回転動力体から振動が発生する。**低周波音の発生源となることもある**。

(e) 洗濯機

　脱水時の水切りドラムは回転数が変化するので、その間における回転数が家具・建具の固有振動数と合致するとビビリやがたつきが生じる。縦ドラム型よ

りも横ドラム型の方が振動を生じやすいといわれている。

6.3　自然振動源

　陸上建築物に振動を励起させる自然振動源は風と地震である（**図6-9**）。海洋建築物、特に浮遊式構造物になると、さらに波浪に対する検討が重要になる。

(1) 風

　風は地震と異なり、一度吹き始めると数時間、半日、あるいは終日吹き続けることが多く、すぐに収まるということはない。環境振動で対象とする風は、工事期間中を含め、主に**高層建築物**に**長周期水平振動**を励起する風である[22,23]。ここでいう長周期水平振動は周期1秒以上10秒（0.1～1.0Hz）程度までの揺れを対象にしている。居住者に知覚されるような長周期水平振動が長時間人体に作用すると、**動揺病**を発症し、不快感、倦怠感、疲労感、眩暈（めまい）などを感じるようになり、オフィスでは作業を続けられなくなり、業務に支障

図6-9　風と地震による長周期振動

が生じることもある（**4.2(3)** 参照）。また、工事作業時には作業能率の低下だけでなく、時には作業中断を余儀なくされることもある。

　風が建物に引き起こす振動は複雑である。建物風上面の正圧と風下面の負圧の合力としての**抗力**による風向きと同一方向の振動が生じる。一方、建物風下面に**カルマン渦**が発生すると大きさと共に方向も繰り返し変わる**交番荷重**としての**揚力**が作用し、風向きに直交した**風直交方向振動**が生じる。水平2成分だけでなく、**ねじり振動**も生じる。高層建築物が近接し林立しているような場所では、高層建築物間を強いビル風が吹き抜け、その通り道に位置するペンシルビルや3階建て木造家屋のような揺れやすい建物に悪影響を与えることがある。また、高層建築物の後方で生じる渦領域が干渉しあい、風上側の建物よりも風下側の建物のほうが大きく揺れることもある。

　高層建築物だけでなく、**大スパン建築物**においても風による振動が問題になることがある。屋根面に沿って強風が通過すると屋根の面外方向振動（**フラッタリング**）を引き起こし、屋根から吊り下げられた照明機器を揺らし（**図6-10**）、

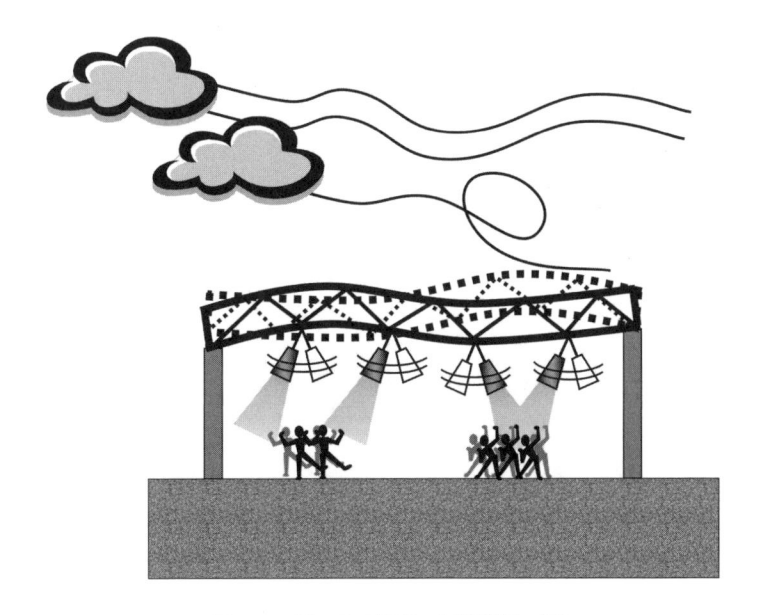

図6-10　風による屋根と照明機器の揺れ

競技者や観客の視覚障害を引き起こすことがある。

(2) 地震

環境振動で対象とする地震は、建物の破壊や損傷を生じるような稀にしか生じない強震動ではない。発生頻度が高い中小地震動や長周期建物の振動を励起する**遠地地震**である（図6-11）。中小地震動では、建物の構造被害には至らないが、居住者の不快感や不安感を引き起こし、さらに家具や什器が転倒したり落下したりすることがある。遠方地震の場合は、一般に短周期成分は減衰して振動の振幅は小さくなるが、長周期成分が減衰せずに到達するため固有周期の長い**高層建築物**や**免震建物**を共振させ、しかも幾分振動が持続することになるので、居住者に不快感や不安感をつのらせることがある。近年、大都市域における**長周期地震動**の影響が懸念されているが、このような問題は耐震分野と環境振動分野の境界領域であり（**図**4-5、**表**4-1参照）、相互に協力して取り組む

図6-11　遠方地震による長周期建物への振動影響

必要がある。

(3) 波浪

図6-12に見るように海中展望塔やフローティング・レストランなど、沿岸域に建設される海洋建築物では常時作用する波に対する**居住性**や**機能性**の確保が必要になる。海の波は海上の風により発生し成長する。風域で生じる波を**風波**、風域外に伝搬した波を**うねり**という。風域で発生する風波は短周期成分を多く含んでいるが、風域外のうねりは短周期成分が減衰して長周期成分が卓越する。海洋建築物は陸上建築物とは異なり、ある程度の振動は許容されると考えられる。**固定式海洋建築物**では長周期水平振動に対する検討、また**浮遊式海洋建築物**では**長周期鉛直振動**及び床の傾き振動（ピッチングやロッキング）に対する検討が必要になる。作業時や避難時における支障限界の検討などにも十分な配慮が要求される[24〜26]。

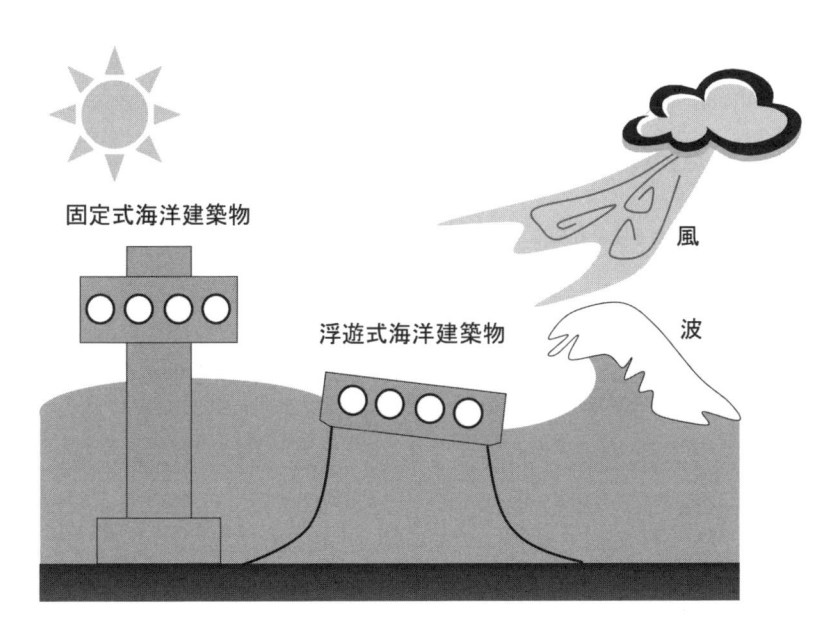

図6-12　海洋建築物における長周期・動揺

参考文献

1) 時田保夫:道路交通振動の実態について、第1回環振資料、pp.1-4、1983
2) 石田理永:車両走行による加振力の概要および伝搬振動の特性、建築技術、No.658、pp.114-115、2004
3) 佐野泰之:道路交通振動の特性、騒音制御、Vol.35、No.2、pp.117-122、2011
4) 吉岡修:新幹線鉄道の振動について、第1回環振資料、pp.13-18、1983
5) 益田勲:地下鉄からの振動伝搬、第8回環振資料、pp.23-28、1990
6) 横山秀史:鉄道振動の特性、騒音制御、Vol.35、No.2、pp.123-127、2011
7) 渡辺清治:屋外機械の振動特性、第20回音・振動シンポジウム、pp.5-8、1982
8) 高津熟:産業機械振動の地盤への伝搬、第20回音・振動シンポジウム、pp.9-13、1982
9) 高津熟:工場振動の特性、騒音制御、Vol.35、No.2、pp.134-139、2011
10) 中島威夫:建設工事における環境振動の現状と課題、第2回環振資料、pp.1-4、1984
11) 渡辺弘之:基礎工事に関わる振動と予測、第2回環振資料、pp.5-9、1984
12) 櫛田裕:ビル解体工事における環境振動の実測と予測、第2回環振資料、pp.11-14、1984
13) 佐野昌伴:建設作業振動の特性、騒音制御、Vol.35、No.2、pp.128-133、2011
14) 船津弘一郎、坂野良一:民家に近接したトンネル工事における発破振動について、第8回環振資料、pp.3-10、1990
15) 国松直:環境振動としての発破振動の予測、第8回環振資料、pp.11-16、1990
16) 雑喉謙:発破振動の影響と対策、第8回環振資料、pp.17-22、1990
17) 小野英哲:屋内スポーツ施設における床振動、第4回環振資料、pp.1-6、1986
18) 横山裕:人間の動作による加振力の概要および伝搬振動の特性、建築技術、No.658、pp.116-119、2004
19) 横山裕:歩行による床振動の特性と評価、騒音制御、Vol.35、No.2、pp.140-147、2011
20) 田中靖彦:エアロビクスによる床振動とその対策事例、第25回環振資料、pp.21-24、2007
21) 長友宗重:振動と建築設備、第17回音・振動シンポジウム資料、pp.15-18、1981
22) 後藤剛史:強風時のオフィスビルにおける振動障害、音響技術、No.51、pp.25-29、1985
23) 田村幸雄:建物の強風応答と性能評価の考え方、建物の振動性能評価に関するシンポジウム資料、1989
24) 後藤剛史:海洋構造物における床振動、第4回環振資料、pp.7-12、1986
25) 後藤剛史:海洋構造物の振動と居住性、音響技術、No.55、pp.31-34、1986
26) 野口憲一:海洋建築物の動揺と居住性、第20回環振資料、pp.45-48、2002

7章 建物までの振動伝搬

　振動源から対象点までの振動が伝わる経路を伝搬経路という。伝搬経路における距離減衰、材料減衰、不連続性、特定の周波数領域における増幅などにより、振動源で発生した振動の特性は対象点に到達した時は大きく変化している。ここでは外部振動源から建物に至るまでの伝搬過程を確認することにし、建物内部の伝搬過程は次章に譲る。

　時間とともに媒体が揺れ動く現象を扱う理論として振動理論と波動理論がある。ある媒体が多数の粒子で構成されていると考えた時、一つの粒子が時間とともにどのように動くかに着目するのが振動理論である。一つの粒子が動くと隣の粒子も動き出し、さらにその隣の粒子を動かす。このような連鎖により、ある任意点での振動は別の点へと伝搬する。この空間的な振動の伝搬を扱うのが波動理論である。建物の任意点の振動を扱う時は主に振動理論を用いるが、地盤などの伝搬経路に関する振動に着目する時は波動理論を用いることが多い。

7.1 地盤

　建物は地盤の上に載っており、外部振動源による振動の多くは地盤を介して建物に伝わる（図7-1）。山は一般に岩盤で形成され、地表面を覆う表土のすぐ下には岩盤が迫っている。海側および河川に沿った地盤は、河川により山の岩盤が浸食・運搬されて形成された軟弱な堆積層が厚く覆っている。堆積層は、砂、シルト、粘土、礫などにより積層構造で構成されている。この地盤の状態に応じて、振動は増幅したり減衰したりしながら伝搬し、その挙動は複雑に変化する[1~4]。

(1) 伝搬速度

　振動の**伝搬速度**は、一般に硬い地盤ほど速く、柔らかい地盤ほど遅くなる。地盤は深度を増すほど硬くなるため、通常、深度が浅いところでは伝搬速度は遅く、深度が深くなるほど伝搬速度は速くなる。地盤を振動が伝搬するパター

図7-1 地盤による振動伝搬と建物内の振動

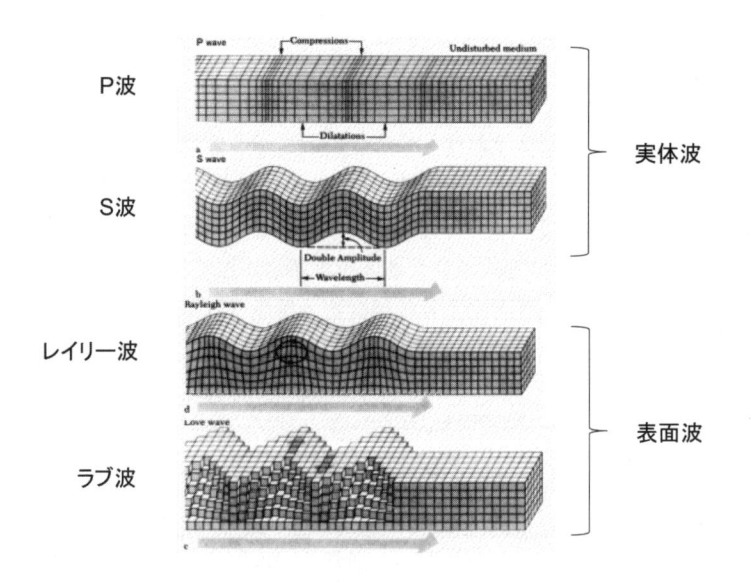

図7-2 粗密波・せん断波・レーリー波の進み方

ンを図7-2に示す。なお、伝搬速度の単位は単位時間当たりの距離の変化［m/sec］であり、単位としては2.2(1)で説明した速度と同じである。しかし、2.2(1)の速度はその場における粒子の運動（振動）速度であるのに対し、伝搬速度はその粒子の運動が広がりの中を伝わる（波動）速度であって本質的に異なる。すなわち、**振動理論**と**波動理論**における速度の違いに注意する必要がある。以下に地盤を伝搬する主な波動を説明する。

(a) 粗密波

　土粒子の振動方向とその振動が伝搬する波動の進行方向とが同じになる振動の伝わり方が**粗密波**あるいは**縦波**である。現象としての縦波を連想するには、スパイラル状の押し引きばねの運動が好い例である。地震波において、震源から任意地点に最初（Primary）に到達する揺れであることから**P波**とも呼ばれる。

(b) せん断波

　土粒子の振動方向とその振動が伝搬する波動の進行方向とが直交するような振動の伝わり方が**せん断波**あるいは**横波**である。こちらの現象の連想には、スタンドの観客によるウェーブが相当するだろう。一人一人の観客は上下に行為をしているのに、その行為は直交方向の横に伝わっている。地震波で2番目（Secondary）に到達する揺れであることから**S波**とも呼ばれる。

(c) レーリー波

　レーリー波は、粗密波とせん断波が地表近くの地層で反射・屈折を繰り返し、互いに干渉しあうことにより発生する。土粒子は楕円軌道を描いて振動し、深度が波長の2倍程度になるとほとんど揺れなくなる。伝搬速度はせん断波の0.9〜0.95倍とわずかに遅い。

　道路や鉄道のように地表面に振動源がある場合はレーリー波として伝搬する。地下鉄のように地下深部に振動源がある場合は主に粗密波とせん断波として伝搬する。伝搬速度は粗密波、せん断波、レーリー波の順に遅くなる。地中を伝搬する粗密波とせん断波は**実体波**に属し、地表面を伝搬するレーリー波は**表面波**に属する。表面波には地表面を蛇のように水平に伝搬する**ラブ波**もある。

(2) 距離減衰

　大局的には振動源から対象点までの距離が遠くなるほど振動は減衰して小さくなる。その減少の程度は、波の種類、地盤の質や状態などにより異なるが、

実用的には、振動源からの波の広がりによる**距離減衰**と地盤材料の**内部減衰**を考慮した**距離減衰式**を用いて推定できる。振動源の揺れ方によっては、振動が同心円状に伝搬せずに指向性を持つ場合がある。このような場合は、距離減衰の方向依存性を考慮する必要がある。一般に、振動は高振動数成分ほど減衰が早いため、振動源から離れるほど低振動数成分が卓越するようになる。

(3) 卓越振動数

地盤には振動が大きく増幅する周波数領域がある。これは外部から伝搬してきた振動が地盤の共振により増幅する結果であり、その中心振動数を地盤の**卓越振動数**という。地盤の卓越振動数は地表面で**常時微動**を計測することにより推定することができる。常時微動は任意地点で常時生じている微小な揺れではあるが、定常振動なので長期間計測することができ、ランダム成分を除去して地盤の卓越振動数を精度よく推定することができる。

(4) 軟弱地盤

地盤が柔らかいほど揺れは大きくなる（**図7-3(a)**）。伝搬経路としての**軟弱地盤**は、車両が通過すると低振動数のレーリー波を遠方まであまり減衰させず

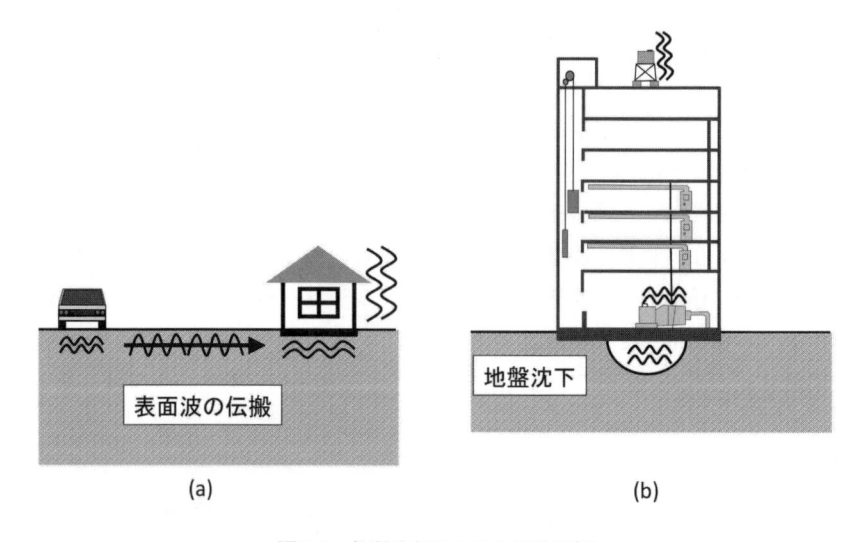

図7-3　軟弱地盤における振動増幅

に伝搬させる。振動源としての軟弱地盤は、地盤沈下により道路の凹凸を各所に形成し、車両通行時に発生する振動が大きくなりやすい。建物の**ベタ基礎**の下部地盤が沈下し、最下階の床下に大きな空隙が形成され、ボイラーから発生する機械振動を増幅させ、建物各部に振動が伝搬してしまった事例もある（**同図(b)**）。

(5) マンホール

車両が道路面内に位置する**マンホール**の蓋上を通過するとき、路面との段差による**衝撃振動**が地盤を直接伝搬するだけではなく、地下の縦管と横管を伝搬経路として建物にまで伝わり、建物内部の振動を励起することがある。

7.2 空気

風は空気の流れである。風が引き起こす建物の振動に関しては6.3(1)に記述したので、ここでは風以外の空気振動を取り上げる。空気は圧縮性を有する気体であり、流れがなくても粗密波として空気振動が伝搬する。このような空気振動は衝撃的な振動となることが多い。発破や火山噴火の際に発生する衝撃

(a)トンネル微気圧波

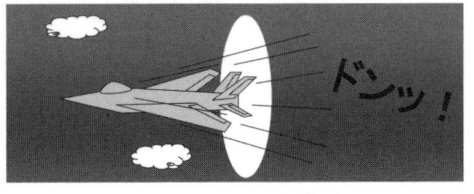

(b)ソニックブーム

図7-4　空気を介した振動伝搬

波はその例である。そのほかにも、環境振動に関連した問題として、図7-4に示すような空気振動がある。

(1) 微気圧波

高速走行中の鉄道車両が長いトンネルに突入すると、空気の圧縮波が発生し、これがトンネル内で拡散されずに圧縮強調されて衝撃波となり、トンネルの反対側出口で解放されて大きな振動や発破音を生じさせる。建物への影響としては、ガラス窓の振動や破損が報告されている。このような現象をトンネル**微気圧波**という。

(2) ソニックブーム

飛行機が音速を超えて飛行すると、機首および翼後縁部で発生した衝撃波のエネルギーが大音響を伴って空気中を伝搬して地上に伝わる。このような現象を**ソニックブーム**という。窓ガラスが割れるなどの被害がでることがある。

(3) 低周波音・超低周波音

一般に100Hz以下の音を**低周波音**、20Hz以下の音を**超低周波音**という。これらは、一次的には空気伝搬であり、ヘリコプター飛来時など、居住者にとっては振動として感じられないが、二次的に建具や家具を揺り動かし、6.2(2) (e) の洗濯機（脱水時）と同じように居住性を低下させる。

7.3 水

川の流れは水粒子の質量移送を伴う水の流れである。一方、6.3(3) に示した海の波は水面を伝搬する波動である。風波における水粒子は波とともに移動することはなく、地盤を伝搬するレーリー波と同じようにその場で楕円軌道を描く（**図7-5(a)**）。**津波**の場合は、**同図(b)** に示すように、楕円軌道の長軸が短軸に比べて極端に長くなり、水面から水底までほぼ等速で押し引きする流れとなる。こうした津波は水粒子の質量移送を伴い、海水は沿岸部に遡上する。

水の運動が流れであっても波であっても、水上に浮いている構造物や水底に固定されている構造物に動水圧として作用し、振動を励起する。空気と同様、

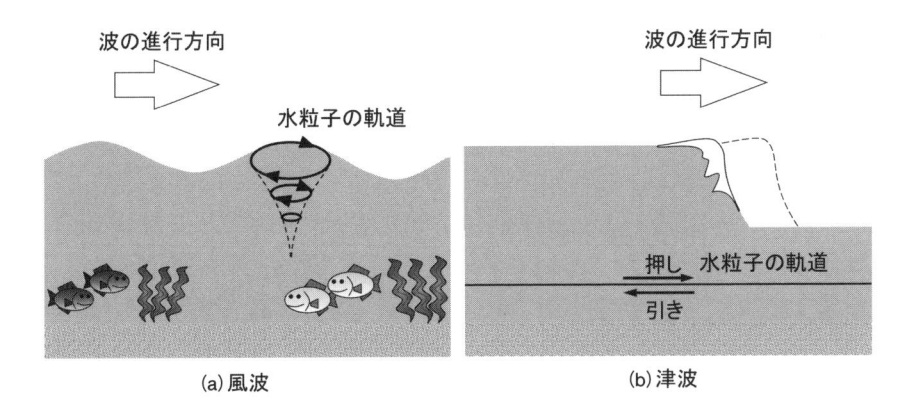

図7-5 水を介した振動伝搬

水も圧縮性流体である。このため、海洋での水中工事などで爆薬を水中爆発させると、発生した粗密波が水中を伝搬して遠方の構造物に影響を及ぼすことがある。また、地震による海底地盤の振動により粗密波が発生し、海面に向かって伝搬して航行中の船舶に衝撃的な上下方向の荷重として作用する**海震**という現象も報告されている。

参考文献
1) 櫛田裕：地盤振動の建物への伝搬、第20回音・振動シンポジウム資料、pp.15-18、1982
2) 成瀬治興：道路振動の伝搬について、第1回環振資料、pp.5-8、1983
3) 藤井光治郎：地下鉄から地盤・建物への振動伝搬特性について、第24回環振資料、pp.21-26、2006
4) 国松直・北村泰寿：地盤振動の伝搬特性、Vol.35、No.2、pp.148-152、2011

8章 建物の中の振動伝搬

　建築物は多くの部材で構成されている。部材は、力を伝達する構造部材とそれ以外の非構造部材に大別される。構造部材は地上にある上部構造と地中にある基礎構造に分けられる。上部構造の部材には、土台、柱、壁、梁、屋根など、基礎構造の部材には、杭、基礎版、基礎梁などがある。非構造部材は外装材、内装材、窓、扉、間仕切り壁などである。建物外部あるいは内部で発生した振動はこれら各部材を伝搬し、一次的には床を通して人体に作用する。そして二次的には、椅子やベッドを経て人体に作用することになる。

8.1 基礎構造の振動

(1) 基礎の種類

　建物の基礎の役割は自重を含め上部構造に作用する力を地盤に伝えることである。表層地盤が十分な強度を有している場合は、基礎を地盤の上に直接置くことができる。これを**直接基礎**という。表層地盤が軟弱な場合、地盤は上部構造を支持できず、基礎は沈下あるいは移動してしまう。基礎の沈下や移動を避けるには、図8-1(a) に示すように、表層地盤ではなく地中深くの硬い地盤で上部構造を支持する**杭基礎**が用いられる。既存建物を調査する時、直接基礎であれば表層地盤は十分の強度をもち、杭基礎であれば表層地盤は軟弱であると推察することができる。ただし、木造住宅のように上部構造が軽量である場合は、地盤が幾分軟弱であっても直接基礎が用いられることが多い。

　直接基礎には、上部構造からの力を地盤に点的に伝える**独立基礎**（同図 (b)）、線的に伝える**布基礎**（同図(c)）、面的に伝える**ベタ基礎**（同図(d)）がある。独立基礎では、地盤との接触面積を増やすために柱の底部を鉄筋コンクリートで広げた**フーチング**が広く用いられている。古い木造では玉石の上に柱を載せる**玉石基礎**が使われている。在来工法の木造では、床荷重を支える束材をコンクリートブロックや玉石・切石の上に載せる**束石基礎**がよく用いられる（図8-2）。布基礎は、建物の壁面に沿って連続的に設けられた帯状の基礎で、フーチングが繋がった形になるので連続フーチング基礎ともいう。地盤との接触面

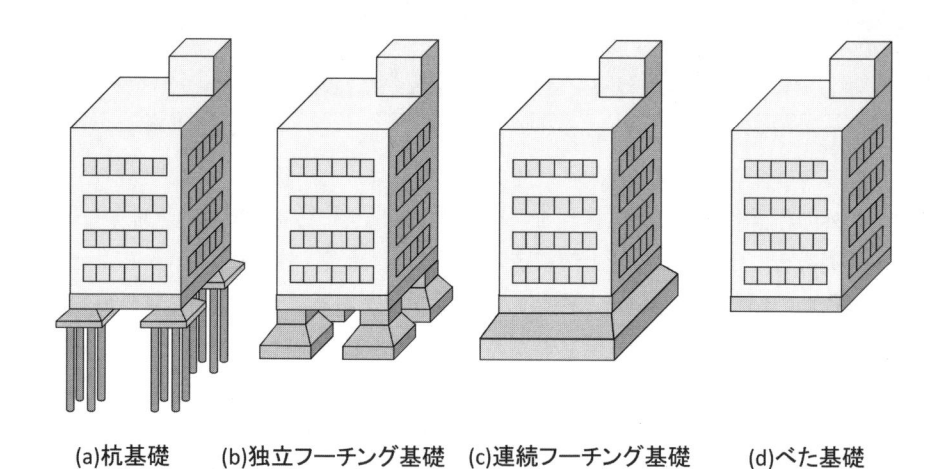

(a)杭基礎　(b)独立フーチング基礎　(c)連続フーチング基礎　(d)べた基礎
　　　　　　　　　　　　　　　　　　（布基礎）　　　　　　（直接基礎）

図8-1　建物の基礎形式の種類

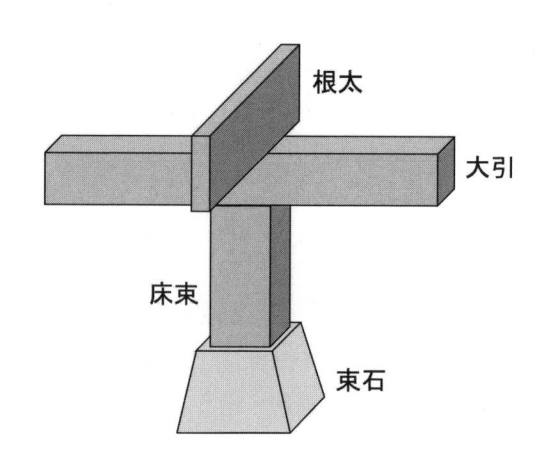

図8-2　木造建物にみる束石基礎の例

積が増え、各柱が足元で繋がり強固な基礎となる。ベタ基礎は**耐圧版**とも呼ばれ、建物直下の地盤全体に鉄筋を配筋しておき、そこにコンクリートを流し込んで造られる。基礎底面積が建築面積にほぼ等しくなり、地盤との接触面積が

大きくなるので上部構造からの力を広く分散でき、比較的軟弱な地盤でも用いることができる。**いかだ基礎**とも呼ばれる。

(2) 基礎と地盤の相互作用

外部振動源により発生した振動の多くは、地盤を伝搬して建物の基礎を振動させる。独立基礎の場合は、基礎直下の**地盤振動**がそのまま入力されてしまい、入力低減は期待できない。布基礎になると基礎は一体化するが、地盤の振動を拘束するほど剛性が大きくなるわけではなく、わずかに入力が低減する程度である。ベタ基礎は地盤との接触面積が大きく、剛性も十分大きくなるため、地盤の振動を拘束して建物内部への入力を低減する効果が大きい。この効果を**入力損失**という[1]。特に地盤振動の高振動数成分を遮断するので、環境振動問題での効果は大きい。

上部構造が振動すると、上部構造の慣性力が基礎に作用する。基礎はこの慣

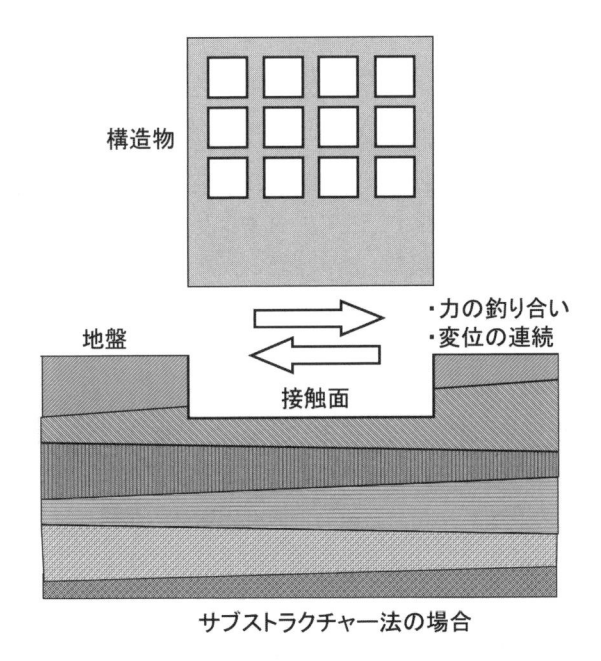

図8-3　地盤と構造物の動的相互作用解析におけるモデル化の例

性力を地盤に伝える。この時、地盤に対する基礎の相対運動をできるだけ抑えるために、基礎—地盤系の**動的地盤ばね**の効果を大きくする必要がある。動的地盤ばねの効果には、ばねで表現される剛性効果とダッシュポットで表現される基礎から地盤へのエネルギー散逸効果（**地下逸散減衰効果**）がある。剛性効果を上げるための具体的な対策として、①地盤を締め固める、②薬液を注入して固化する、③多数の摩擦杭を打ち込む等の**地盤改良**を行うことがある。このような対策は、強震時における地盤液状化の防止にも有効である。

入力損失や動的地盤ばねの影響を考慮するために、**地盤—構造物相互作用**を考慮した解析が行われる。地盤—構造物相互作用解析には、構造物と地盤を一体としてモデル化する直接法と、構造物と地盤を個別に扱い最終的に両者の接触面における変位と力の連続性を用いて結合する**サブストラクチャー法**がある（図8-3）。入力損失と動的地盤ばねの効果をそれぞれ定量的に評価したい場合はこのサブストラクチャー法が用いられる。

8.2　上部構造の振動

(1) 上部構造の分類

地盤を伝搬した振動は、基礎を経て上部構造に振動を生じさせる（図8-4）。一方、空気や水を伝搬した振動は、建物表面に直接作用して上部構造に振動を生じさせる。さらに、建物内部で発生した振動は上部構造を直接伝わり、振動源とは異なる場所で大きな増幅をもたらすことがある。振動源に関わらず、上部構造は建物内部における振動の**伝搬経路**になる。上部構造は柱、梁、壁、床、ブレースなど多くの構造部材で構成され、その振動特性は各部材の剛性、質量、及び減衰の分布状態に依存している。

上部構造の規模、特に建物の高さにより、低層、中層、高層、超高層などに分類される。建物は高くなるほど**固有周期**は長くなり、ゆっくりと振動するようになる。鉄骨造の高層及び超高層建物の固有周期は、弱軸（短辺）方向の振動に関しては、概略的にはほぼ10階当たり1秒ずつ長くなる。したがって、数十階建ての超高層建築の固有周期は数秒になる。

部材の材料を何にするかに応じて、鉄筋コンクリート造、鉄骨造、木造のような**構造種別**に分類される。鉄筋コンクリート造は、剛性が高く減衰が比較的

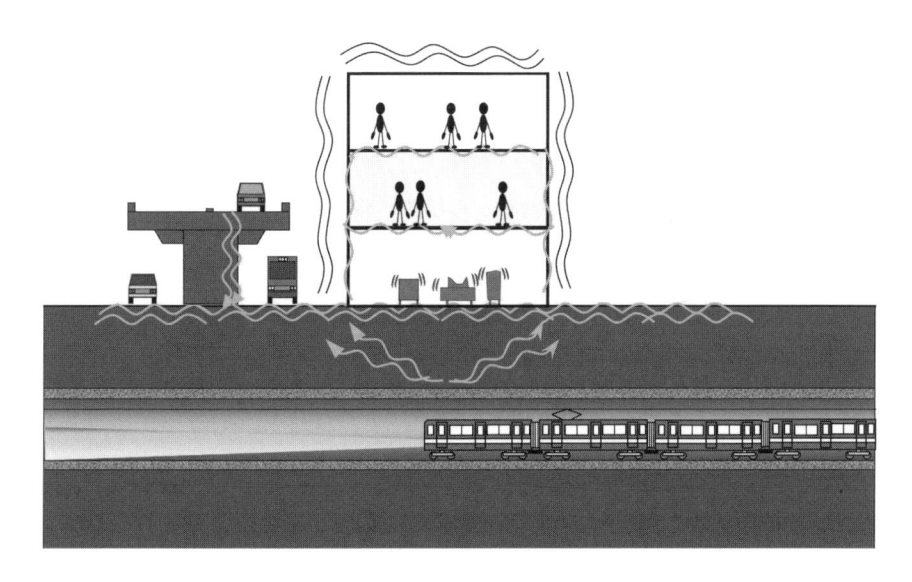

図8-4　構造物は振動の伝搬経路になる

大きい。軽量鉄骨は剛性が低く減衰も小さい。重量鉄骨になると剛性は大きくなるが減衰は小さい。在来木造は、減衰は大きいが、部材と部材の接合がピンに近く剛性は小さい。ツーバイフォーは軽量で壁式パネルの使用により剛性は高くなる。

　部材の組み合わせ方に依存して様々な**構造形式**がある。純フレーム構造は柱と梁で構成され、部材の曲げで外力に抵抗する。壁付きフレーム構造は主に鉄筋コンクリート造で用いられ、柱と梁で構成される構面の一部あるいは全部に壁を組み込んだ構造であり、水平剛性が大きい。ブレース付きフレーム構造は主に鉄骨造で用いられ、柱と梁で構成される構面の一部あるいは全部にブレースを組み込んだ構造で水平剛性が大きくなる。壁式構造は鉄筋コンクリート造で用いられ、柱や梁といった線材を用いずに、壁とスラブの面材を組み合わせた構造で剛性はきわめて大きい。

(2) 躯体の振動特性

　上部構造の**全体振動**と部材の**局部振動**のふるまいは、**構造種別**、**構造形式**、

構造規模の組み合わせに応じて変化する。上部構造における剛性分布と質量分布に依存する建物躯体の**固有振動数**は、風や長周期地震動などにより励起される全体振動を検討する際に重要である。一方、各部材の剛性分布と質量分布に依存する部材の固有振動数は、床振動などの局部振動を検討する際に重要である。

建物内部の振動の増幅は、振動源から伝搬経路を経て建物に作用する外力の振動数と建物の固有振動数が近接する時に生じる**共振現象**によってもたらされる。建物内部の振動を適切に予測するには、固有振動数を精度よく計測すること、あるいは精度よく予測することが大切である。特に共振領域では、減衰のわずかな増加でも振動の増幅を大幅に低減できるので、制振装置を設置するなどして減衰を大きくする工夫が効果的である。

8.3 床の振動

(1) 重量床と軽量床

環境振動において、床は振動が人体に入力される最後の部位として特別な位置を占めている。人間の**歩行・走行・跳躍**や**設備機器**などの**内部振動源**、さらに交通、工事、工場などからの外部振動源から伝搬した振動は、最終的に**床振動**となって人体に作用する[2,3]。床振動の大きさが同じであっても、人体の姿勢や向き（5.1参照）によって人体に与える影響は異なるものとなる。

(a) 鉄筋コンクリート造床

鉄筋コンクリート造床は5～10m前後の梁スパンが多く、床の**鉛直振動**の**1次固有振動数**は5～25Hzに分布している。人体への影響を対象とする場合、床に生じる加速度の大きさの範囲はほぼ0.01～0.1m/s^{2}である。周辺固定の床において、鉛直振動がもっとも大きくなるのは床中央である。最近、床スラブの内部に中空部を設けて小梁を省略した**ボイドスラブ**などを使った大スパン床を採用する機会が多くなっており、床の鉛直振動に配慮した設計が要求される機会が増えている[4]。床の**水平振動**は建物架構の**全体振動**に追随して生じ、建物の高さ方向の位置に大きく依存する。床剛性が十分大きければ同じ階にある床の水平振動はほぼ同じになる。

(b) 鉄骨造床

鉄板床は歩行等により振動や音を発生しやすいため、屋外避難階段などを除き用いられることは少ない。マンションやオフィスでは、鉄骨造建物の床は一般にデッキプレートの上に鉄筋を配しコンクリートを打設する湿式工法により振動や音の低減を図っている。独立住宅では、鉄骨梁に水平ブレースを配した上でALC板やPC版を載せる乾式工法が用いられることもあるが振動性能は湿式工法よりも劣る。ただし、量床に位置付けられる。

(c) 木造床

木造床にはフローリングの洋間床と畳敷きの和室床がある。1階床には、束立て床が良く用いられる（**8.1(1)** 参照）。地盤の上に束石を配置し、床束を立ち上げ、それに大引きと根太を架け（**図8-2**参照）、床下地板の上に仕上げ材を貼って造られる。土間コンクリートの上に大引きと根太を直接配置する転ばし床を使う場合もある。2階床は、桁や梁に根太を架けた根太床が用いられることが多い。2階床の鉛直振動は1階床と同程度である。2階床の水平振動は増幅されて1階床よりも大きくなる傾向がある。一般に木造床の鉛直振動はコンクリート床に比べて1オーダー以上大きくなる[5]。よって、軽量床に位置付けられる。

(2) 床の加振実験

既存床の固有振動数、減衰、振幅などの振動特性を調査するために、様々な加振方法が用いられている[6]。

(a) 重錘落下

砂袋や砂ボールを落下させる方法で広く用いられている。

(b) かかと衝撃

ヒールインパクトにより歩行時の振動を評価する。

(c) 床衝撃発生器

タッピングマシーンとも呼ばれ、軽量床の振動性状を調べる際に用いられる。

(d) バングマシン

加振力が安定していて、重量床に適用される。

(e) 歩行・小走り

一人あるいは複数人の歩行・小走りにより実際の床使用時の振動が再現できる。

(f) 起振機

偏心して取り付けられている重心を回転させることにより、低次から高次にわたる幅広い固有振動数の振動を発生することができる。

8.4 振動規制法における建物振動の扱い

振動規制法では、外部振動源に対する建物の振動増幅はVL（振動レベル）で一律に＋5dBとして扱われてきた。鉛直振動に関するこの数値は、地表面に対する木造板床の増幅を調べた環境庁の調査報告に基づいている。調査結果は、増幅せずに減衰するものから最大15dB増幅するものまで広く分布していたが、中央値（50%）で5dBの増幅、80%レンジの上限値（90%）で10dBの増幅であった。したがって、木造以外では何の根拠もない値であり、木造であってもばらつきの大きな分布の平均に過ぎない。建物の振動が大きくばらつく理由は、振動が鉛直振動だけではなく、水平振動やねじり振動を伴ったり、局所的な振動増幅を生じたりするためである。特に、木造や軽量鉄骨の家屋は振動が増幅されやすく、そのばらつきも大きい。建物内部における振動伝搬の把握は今後の重要な検討事項の一つである[7]。

参考文献

1) 山原浩：環境保全のための防振設計、彰国社、1974
2) 田中靖彦：エアロビクスによる床振動とその対策、第25回環振資料、pp.21-24、2007
3) 中山昌尚：工場地帯における外部振動による床振動とその対策、第25回環振資料、pp.25-38、2007
4) 佐藤眞一郎：ボイド剛性床板の振動測定、第25回環振資料、pp.13-20、2007
5) 横田明則：木造およびプレハブ住宅の振動増幅特性、第9回環振資料、pp.21-26、1988
6) 富田隆太：床振動測定用標準衝撃源としてのインパクトボールの有用性、第25回環振資料、pp.7-13、2007
7) 国松直、平尾善裕、北村泰寿：振動数を考慮した家屋内振動の予測方法、騒音制御、Vol.36、No.1、pp.89-99、2012

9章 振動の計測

　環境振動が扱うのは主として振動が固体を伝搬する現象であり、音響が対象とするのは振動が空間を伝搬する現象である。基本となる現象は同一であるにも関わらず、環境工学分野における振動問題への取り組みは騒音問題の先行に比べると大きく出遅れていた。その主な要因として、固体上での計測における機器の設置や方法、さらにデータ処理や精度が複雑かつ多岐にわたり、建築技術者にとっては馴染みにくい分野であったことが挙げられる。実際、振動を計測するには、センサから計測結果の表示に至る全システムを構成するための広範な知識が必要である。これまでに、環境振動領域においても一般的な計測方法に関する検討は行われているが、まだ十分なコンセンサスを得るには至っていない。このため、環境振動のデータベース構築の必要性が指摘されているものの、なかなか作業が進展していないのが現状である。

　わが国における環境振動の計測では、振動規制法で定められた計測法の影響を受け、振動の大きさを音と同じく相対値としてのdB単位を用いることが多い。特に、工場や建設工事から発生する振動、道路交通振動、さらに振動規制法には含まれていないが鉄道振動の計測では、このdB単位が主に用いられる[1,2]。これに対して、振動規制法の対象ではない風や地震などの自然外力や建物内部で発生する人間活動や設備機器による振動計測では、dBではなくm/sec²などの振動の大きさの絶対値が用いられている。さらに、データ処理段階で周波数分析を行う際も、FFTと1/3オクターブバンド分析の使用が混在しており、異なる計測結果の相互比較がしにくくなっている[3]。こうした状況は、従来の単一加振源に対する検討を行う場合はそれほど問題にはならなかったが、近年、様々な振動源を総合的に検討する必要性が増しているだけに、今後大きな障壁になることが予想される。

　振動計測に用いる機器は日進月歩で進化を続けており変化が激しいだけに、環境振動計測に関する基本事項をしっかりと理解することが肝要である。その上で、建築・都市の環境振動という総合的観点から計測方法の統一化・標準化を目指す必要がある。

9.1 環境振動計測の流れ

　建築・都市に関する環境振動を計測する場合、その場所で実際に生じている振動を計測する場合[4]と人工的な加振源を与えて振動を計測する場合[5]がある。両者に共通する計測全体の流れと各段階での主な作業を整理すると以下のようになる。

(1) 計測計画

　現地での計測は時間的にも空間的にも制約を受けることを考慮して、計測対象となる建物と**周辺環境**の状況を地図、図面、写真などを利用して前もって確認し、その上で事前に現地に足を運び、計測目的、計測位置、電源の有無及び位置、計測時間、計測回数、振動数範囲、評価方法などに適した計測システムの構成を決定する。

(2) センサの点検とキャリブレーション

　加速度センサは加速度そのものを計測するのではなく、物体に生じる変形や電気的変化などの物理量を計測し、これに比例している範囲内で加速度に変換している。**キャリブレーション（校正）** とは、狭義には、この物理量から加速度への正確な変換を保証するために、個々のセンサの出力値を標準となるセンサの出力値と比較してそのずれを把握、あるいは調整することである。しかし、計測者がキャリブレーションという場合は、通常、振動計測に先立つ**オフセット調整**や**ゲイン調整**（9.3(1) 参照）のことであり、ここではキャリブレーションをこの意味で用いる。

　計測地に出かける前は、まず計測機器の作動状況を点検し、故障していないこと、さらに計測システム全体として正しく作動することを確かめる。また、計測計画に基づき、有線計測の場合はコードの長さが十分か、無線計測の場合はデータ転送距離が長すぎないか等を確認する。現地での計測システムの設置に費やす時間はできる限り最小化し、ゆとりをもった計測時間が取れるように努めたい。計測直前にも再度キャリブレーションを行い、現地での状況に対応した微調整を行うようにする。特に高温もしくは低温の場所で屋外実測を行う場合などでは、センサの温度変化のために基（零）線が安定せず、想定以上の

時間を費やすことがある。

(3) 計測機器の設置

　計測機器は、**図9-1**に示すように、大きく分けてセンサとそれから送られる情報を処理し表示する（点線枠内）部分から構成される。センサは、**振動源→伝搬経路→対象点**における振動の増幅や減衰が把握できるように、適切な位置に複数設置する。主に建物内部の床面の上に設置することになるが、**地盤振動**が関係する場合は建物周辺の地表面の上にも設置する。床面や地表面のどの位置にどのように設置するかについては後述する（9.2(2) 参照）。センサの配置位置からそれほど遠くない場所に、データを収録・解析するための機器類を置くスペースを確保する。環境振動は、地震のような一過性の振動ではなく定常的に発生していることが多く、計測時間も比較的任意に設定でき、何度でも繰り返し計測が可能なことが多い。このため、地震動に比べればリアルタイム計測に対する要求はそれほど大きくはない。しかし、計測データを持ち帰って詳

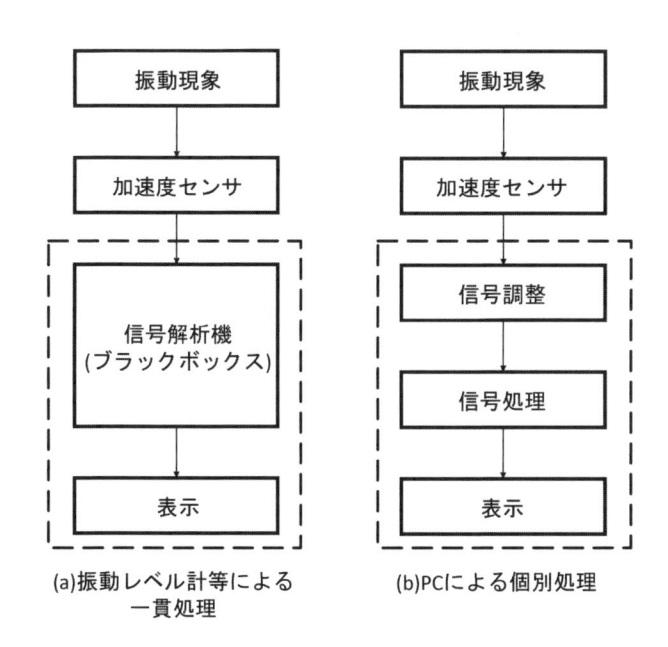

```
  振動現象              振動現象
    ↓                    ↓
 加速度センサ          加速度センサ
    ↓                    ↓
┌─────────┐         ┌─────────┐
│ 信号解析機 │         │ 信号調整  │
│(ブラックボックス)│      ↓
│         │         │ 信号処理  │
│         │            ↓
│  表示   │         │  表示    │
└─────────┘         └─────────┘
(a)振動レベル計等による    (b)PCによる個別処理
    一貫処理
```

図9-1　データ解析の方法

細にデータ解析する前に、現地で振動が間違いなく計測されていることを確認できるような（モニタ可能な）計測システムを構築することが望ましい。

(4) データ解析

　データを収集あるいは収録したら評価の目的に応じてデータ解析を行う。図9-1に示すように、データ解析を行う方法には信号解析機を用いた一貫処理（a）とパーソナルコンピュータ（PC）を用いた個別処理（b）とがある。環境振動で用いる信号解析機は、主に**FFTアナライザー**と**振動レベル計**である。信号解析機は全てがパッケージ化されており、データ解析の融通性はないが、リアルタイムでの処理・表示能力に優れ、ルーチンワークで作業できるので実務に向いている。一方、PCはプログラムを自由に組むことができ柔軟なデータ解析が可能であるが、フィルタ処理や**AD変換**（9.4(1) 参照）などのプログラムを自分で作らなければならないので、実務には向かず研究者向きである。最近、PCを用いたデータ解析プログラムを作成する際に、MATLABやLabVIEWなどの数値解析ソフトがよく利用されている。

(5) 後処理

　データ解析が終了したら、その結果を国内外の諸基準と比較して評価を行い、図表等を作成して報告書としてまとめる。報告書に記載しておく事項としては、計測日、計測場所、気象条件（風雨、温度、湿度等）、評価基準、計測システム、校正の結果、振動源の状況、伝搬経路の状況、対象点の状況、計測結果、人体反応（必要があれば）などが挙げられる。この他、環境振動のデータベース構築のことを考えると、データ収録システムにデジタルデータを残し管理していくことも重要である。

9.2　加速度センサ

　センサは、計測対象の物理量を電気信号に変換する装置である。環境振動で用いるセンサは主に**加速度センサ**である。

(1) 加速度センサの種類

加速度センサは、振動の計測機器を構成する要素の中心である。加速度センサは、機械式、光学式、半導体式の3種類に分類することができる。環境振動の実務では、現在、もっぱら機械式が用いられている。機械式には、圧電型、動電型、ひずみゲージ型、静電容量型がある。光学式と半導体式は新しいセンサであり、環境振動の計測ではまだ実用化には至っていないが、今後の可能性が期待されている。環境振動の分野で扱う振動源は多種多様であるが、対象とする**周波数領域**は他工学領域で使用する範囲に比べ低い方を占めている。

(a) 圧電型センサ

錘（おもり）の慣性力により生じるひずみに比例して電圧が発生する圧電（ピエゾ）素子を用いたセンサである。図9-2に示すように、圧縮型とせん断型があり、圧縮型は錘を圧電素子の上に載せて圧縮ひずみを生じさせ、せん断型は錘の左右に圧電素子を置いてせん断ひずみを生じさせる。圧電素子はこのひずみの変化を電圧の変化に変換する素材である。測定可能周波数領域は数Hz〜数十kHzである。

(b) 動電型センサ

振り子の錘に慣性力が生じると、ばねの変位が0に戻るように力が加わるサーボ機構を利用している。図9-3に示すように、錘かケーシングの一方を磁

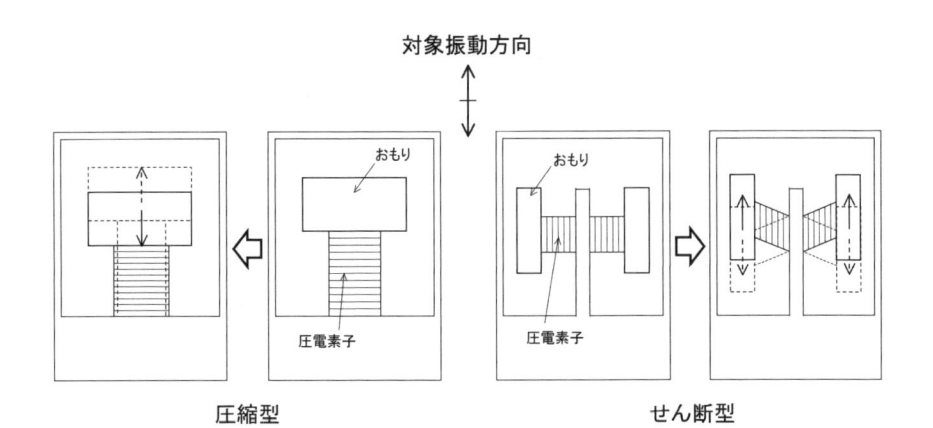

図9-2　圧電型センサ

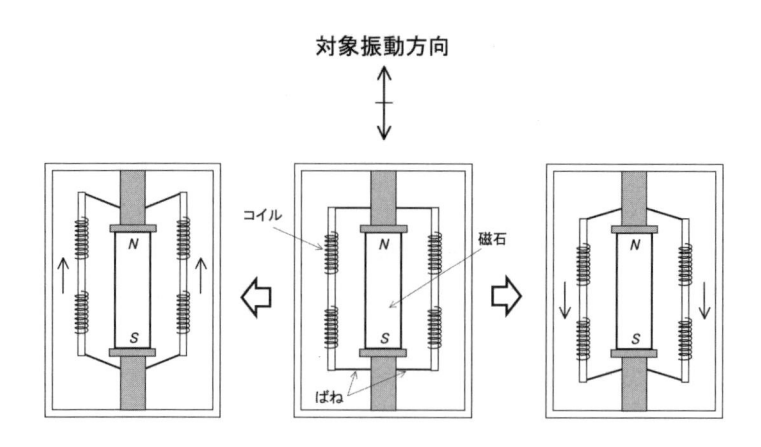

図9-3 動電型センサ

石にし、他方にコイルを巻いて電流を通す。この時、サーボ機構が駆動してばねの変位を0に戻すために流れる電流量を計測する。測定可能周波数領域は数Hz～1kHzである。
(c) ひずみゲージ型センサ
　図9-4に示すように、慣性質量を自由端とする片持ちの振り子にひずみゲージ（金属抵抗線）を添付し、振り子の曲げひずみを電気抵抗として計測する。測定可能周波数領域は0～数百Hzであり、低周波の振動も測定が可能である。
(d) 静電容量型センサ
　図9-5に示すように、振り子をコンデンサの片方の極とし、慣性質量の相対運動によりコンデンサの間隔に対応して変化する静電容量を計測する。測定可能周波数領域は0～数十kHzであり、上記同様の可能性を有する。
(e) サーボ型センサ
　常時微動計測に用いられる。測定可能周波数領域は0.01～100Hzである。
(f) FBG光ファイバーセンサ
　光学式に属する。錘の慣性力をFBG（Fiber Bragg Grating）型光ファイバーへの張力とすることで波長の変化を計測する。
(g) 半導体ひずみゲージセンサ
　基本原理は機械式のひずみゲージ型と同じである。金属抵抗線の代わりに半

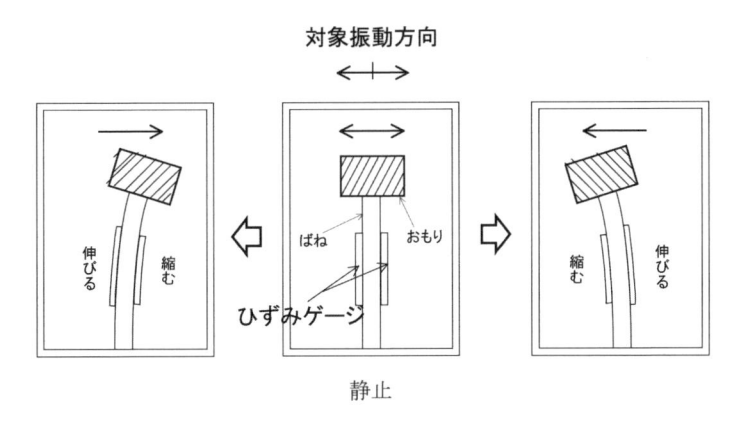

図9-4　ひずみゲージ型センサ

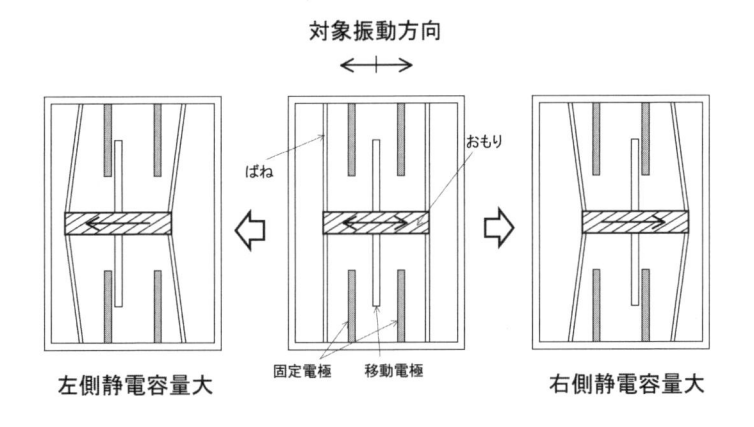

図9-5　静電容量型センサ

導体の圧電抵抗を利用している。圧電素子を貼付した薄いシリコン製キャンティレバーと錘で構成されている。

(h) 半導体静電容量センサ

　基本原理は機械式の静電容量型と同じである。シリコン基盤上に間隙を設けて櫛の歯状の固定極と可動極を噛み合わせ、可動極の運動による間隙の変化に対応した静電容量の変化を計測する。

　半導体型センサはいずれもMEMS（Micro Electro Mechanical Systems）技

術を使用し、機械式に比べて超小型で低コストであることから、現在、信号処理機能を内蔵した**スマートセンサ**として製作し、これを多数用いた**ワイヤレスセンサネットワーク**の構築が試みられている[6]。このワイヤレスセンサネットワークを用いることにより、これまでの建物単体の環境振動計測から建物群としての地域の環境振動計測への展開が考えられている（**14章**参照）。

(2) 設置位置と設置方法

振動計測により有益な情報を得るためには、センサの①設置箇所、②設置数量、及び③設置方法を慎重に検討する必要がある

(a) センサ設置の一般的留意点
　1) センサは傾かないように水平及び鉛直に置く。
　2) センサと計測対象体との間に隙間が生じないように、また異物が介在しないように密着させる。いわゆるガタツキなどを伴う**設置共振**が生じないようにする。

(b) 建物内部の振動計測
　1) 床の**鉛直振動**を計測する時は1次固有振動モードでの変位がもっとも大きくなる床中央に設置する。
　2) 床の**水平振動**を計測する時は鉛直振動の影響が少ない大梁や柱の近くに設置する。
　3) 畳や絨毯等の柔軟な材料の上にセンサを直接置かない。
　4) 両面テープ、接着剤、ねじなどを用いてセンサを固定する。

(c) 地盤振動の計測
　柔らかい地盤の上で計測する場合は以下の1)〜5)のいずれかの方法により設置共振を避ける。
　1) 地盤を突き固めてからセンサを設置する。
　2) コンクリートブロックなどを地盤に密着して置き、その上にセンサを設置する。
　3) 地盤の上にモルタルや石膏を打設し、センサと一緒に固める。
　4) 杭付きの設置板を作成し、杭を土に埋め込み設置板の上にセンサを設置する。
　5) 近くにアスファルトやコンクリートの表面があれば、その上にセンサ

を設置する。
6) 風が吹くと、近くの樹木や構造物の揺れにより地盤が振動したり、コードの揺れがセンサを振動させたりすることがあるので、強風の日の計測はできるだけ避ける。
7) **地電流**[*]によるノイズが生じないことを確認する。

9.3 信号調整

信号調整とは、加速度センサの出力を電圧に変換する過程である。デジタル信号に変換する前のアナログ信号に対して行われる。通常、センサから得られる電気信号は電圧変化である。しかし、電圧変化が微弱であったり、電圧ではなく電流や電荷を電気信号として用いたりする場合もある。このような場合、扱いやすい適切な大きさをもった電圧信号に変換したり、デジタル化に備えてアナログ信号を調整したりすることが信号調整の役割である[7]。

(1) 増幅器

増幅器は、微小な信号を適正な大きさの信号まで大きくするために用い、加速度センサの種類に応じて専用のものが用意されている。基本的には、**オフセット調整**と**ゲイン調整**がある。あるデータの位置を基準点からの差で表した値をオフセットとよぶ。オフセット調整の例を**図9-6(a)** に示す。電気信号の平均値が基準点となるように調整することがオフセット調整の基本である。電気信号を増幅する時、増幅器の入力信号と出力信号の値の比をゲイン（利得）という。ゲイン調整の例を**同図(b)** に示す。ゲイン調整では、再現可能なレベルを超えずに、なるべく信号の振幅を大きくすることが基本である。再現可能なレベルを超えてしまうことを**クリッピング**といい、これが生じると波形を完全には復元できなくなる。これを技術者仲間では「さちる」などとも言う。いわゆる信号が飽和（Saturation）した状態である。信号（S）が小さいと内部電気ノイズ（N）によりS/N比が悪化し、これを増幅するとノイズも一緒に増幅し

---

[*] 太陽活動や雷などの影響に基づく地磁気の変動に伴って誘導される電流。

(a) オフセット調整　　　　　　(b) ゲイン調整

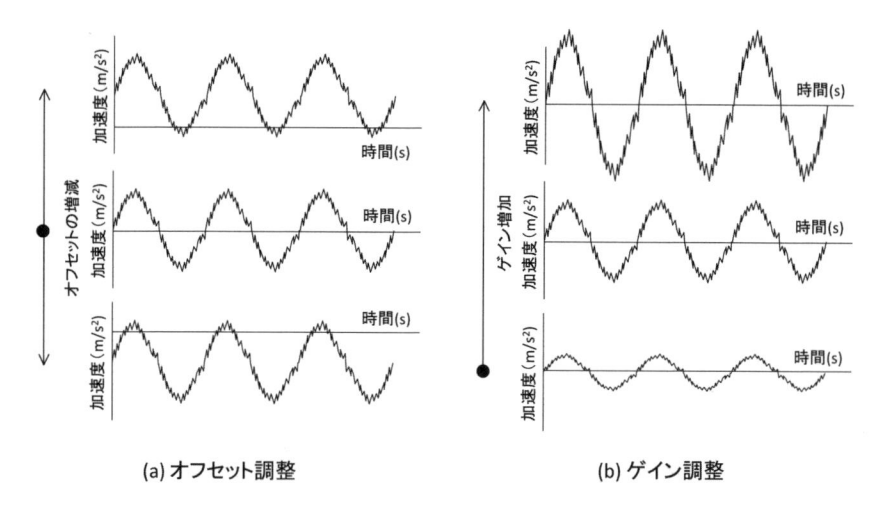

図9-6　オフセット調整とゲイン調整

てしまうことになる。S/N比の悪化を防ぐには、次に述べるアナログフィルタをかける必要がある。

(2) アナログフィルタ

　アナログフィルタは、AD変換の前処理として必要であり、計測信号から必要な振動数成分を取り出すために用いられる。アナログフィルタには、**図9-7**に示すように、**ハイパスフィルタ(a)**、**ローパスフィルタ(b)**、及び両者を組み合わせた**バンドパスフィルタ(c)**がある。例えば、**図9-8(a)**に示すような正弦波の信号にランダムなノイズが乗ったような時刻歴波形が記録されたとする。この場合、高振動数成分のノイズをカットすると、**同図(b)**のように低振動数成分の信号だけを取り出すことができる。逆に、低振動数成分の信号をカットすれば、**同図(c)**のように高振動数成分のノイズだけを取り出してノイズ特性を調べることができる。

　すでに(1)で述べたように、入力に対する出力の比を表わす**伝達関数**の絶対値が**ゲイン**である。ゲインが1ならば入力はそのまま出力され、1以上ならば出力は入力より増幅し、1以下ならば出力は入力より減衰し、0ならば入力は出力で阻止されることになる。

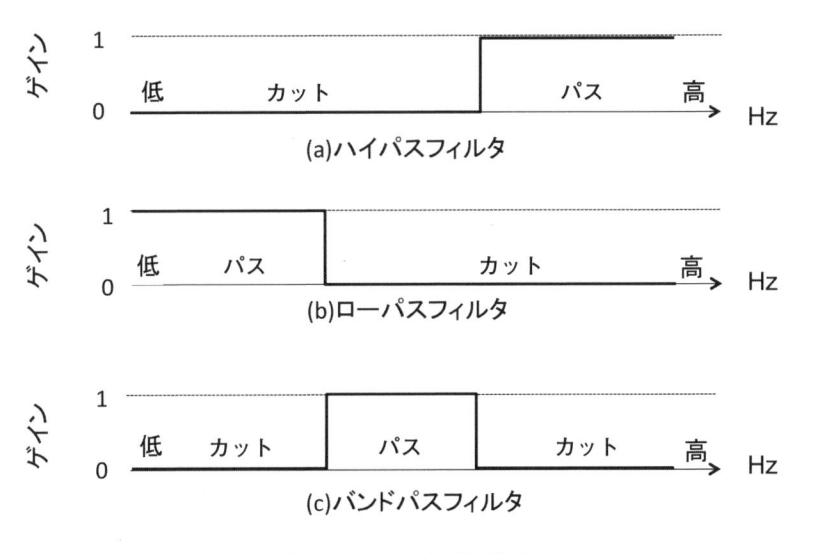

図9-7　フィルタ処理の種類

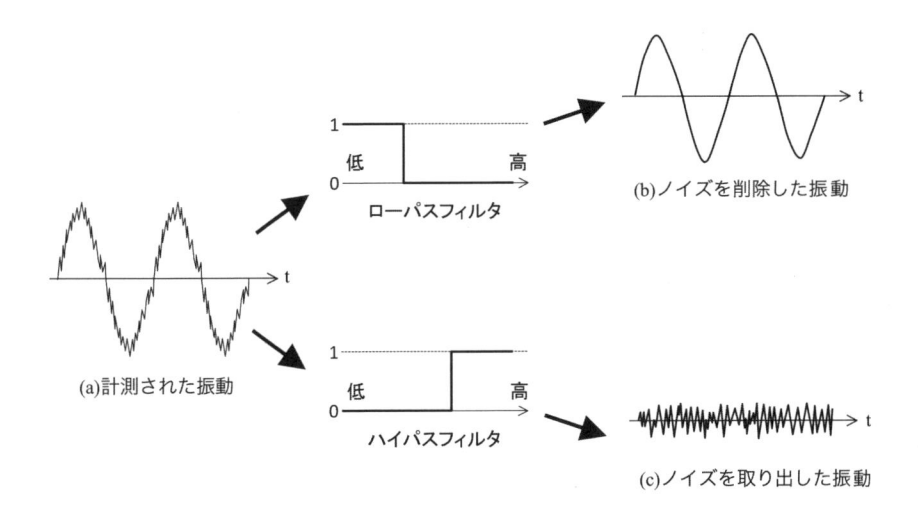

図9-8　フィルタの役割

(a) ハイパスフィルタ

遮断振動数以上の振動数のみを通過させる特性をもち、直流成分や低振動数成分を除去するために用いる。

(b) ローパスフィルタ

遮断振動数以下の振動数のみを通過させる特性をもち、高振動数成分を除去するために用いる。後述する**アンチエイリアシングフィルタ**はローパスフィルタの一種である（9.4(1) 参照）。

(c) バンドパスフィルタ

ローパスフィルタとハイパスフィルタの二つの特性をもち、特定の周波数領域のみを取り出すために用いられる。後述する**オクターブバンド分析**や**1/3オクターブバンド分析**で重要な役割を演じる（9.4(2)(b) 参照）。

フィルタの理想は、図9-7のように、通過帯域から遮断帯域へとステップ関数のように急激に変化することであるが、実際のフィルタは通過帯域と遮断帯域の間に変遷帯域をもち緩やかに変化する。この場合、遮断振動数はゲインが $1/\sqrt{2}$ に低下する振動数として定義する。通過帯域→変遷帯域→遮断帯域の特性形状により以下のようなフィルタが用いられる（図9-9）。

(d) バターワースフィルタ

バターワースフィルタは通過帯域の**周波数特性**の平坦さを重視したフィルタであり、**遮断振動数**を越えた後の減衰特性は緩やかである。通常用いられるの

(a) バターワースフィルタ　　　　(b) チェビシェフフィルタ

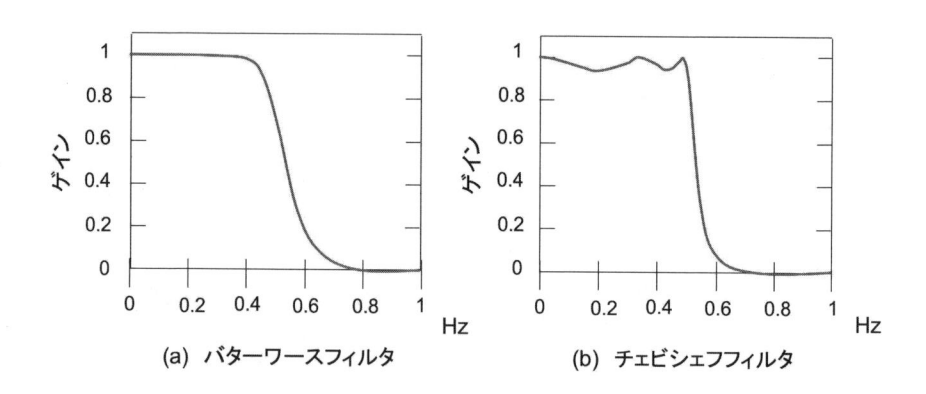

図9-9　遮断振動数付近のフィルタ特性

はバターワース型フィルタである。
(e) チェビシェフフィルタ
　チェビシェフフィルタは**遮断振動数**を越えた後の減衰特性の急峻さを重視したフィルタである。その分、通過帯域の周波数特性の平坦さは犠牲にされており、遮断振動数手前の平坦部で**うねり**が現れる。

9.4　信号処理

(1) AD変換

　振動計測において、時刻歴波形は最も基本的な情報である。任意範囲のアナログ（A）波形を一定時間間隔 Δt ごとにサンプリングしてデジタル（D）波形に変換することを**AD変換**という。AD変換で大事なのは振幅軸の精度と時間軸の**サンプリング間隔**である。振幅軸の精度は**ビット**で表される。**図**9-10に

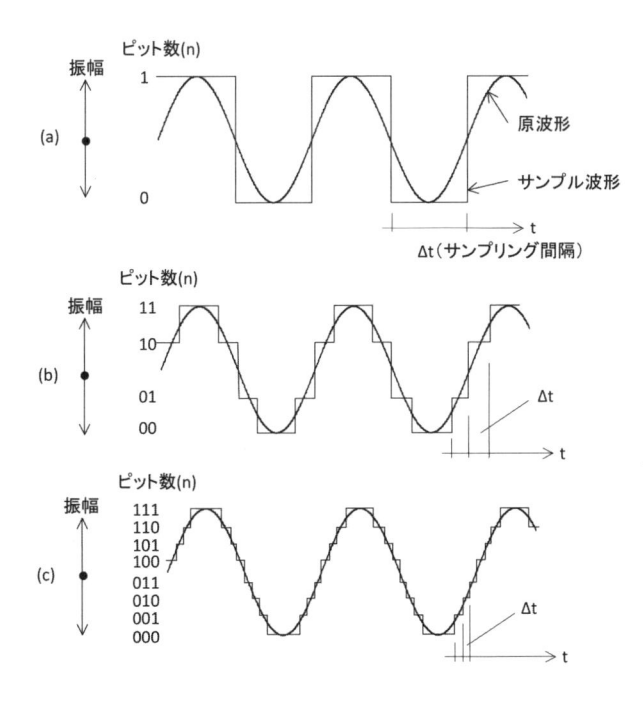

図9-10　アナログ波形からデジタル波形へ（AD変換）

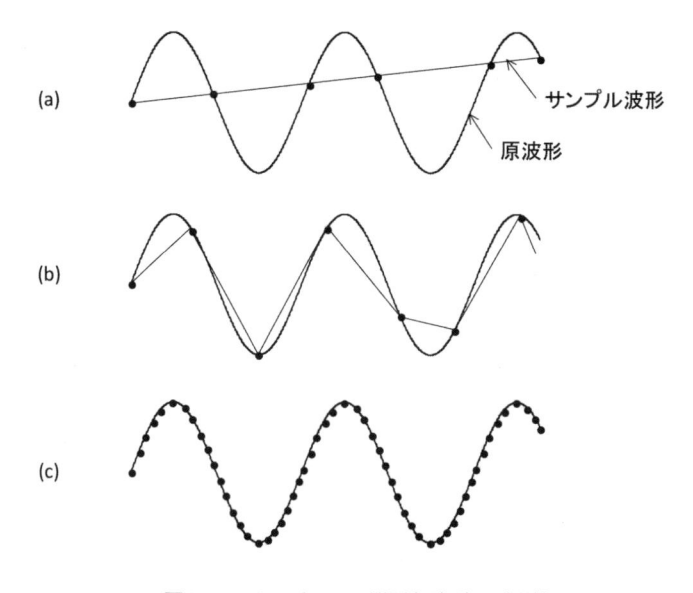

図9-11 サンプリング間隔と波形の再現性

示すように、nビットは振幅を2^n段階に離散化することであり、ビット数が大きくなるほど精度の高い波形再現ができる。**図9-11**に示すように、**サンプリング間隔を小さくする**（c）とアナログ波形の再現性が良くなり、サンプリング間隔を大きくする（a）と元波形の特徴が失われることがわかる。

サンプリング間隔の選び方により分解可能な上限振動数は決まってしまう。対象とする波形がどんなに高振動数成分を含んでいたとしても上限振動数以下の情報しか得られない。サンプリング間隔をΔtとした時、$f_s = 1/\Delta t$を**サンプリング振動数**、その半分の$f_s/2$を**ナイキスト振動数**という。このナイキスト振動数が上限振動数になる。

ナイキスト振動数以上の高いサンプリング振動数を用いて処理することを**オーバーサンプリング**、ナイキスト振動数以下の低いサンプリング振動数を用いて処理することを**アンダーサンプリング**という。オーバーサンプリングを行うとノイズを取り除きやすく元波形を精度よく再現できる。一方、アンダーサンプリングを行うと、元信号の情報が失われる**エイリアシング**が生じる。エイリアシングの例を**図9-12**に示す。

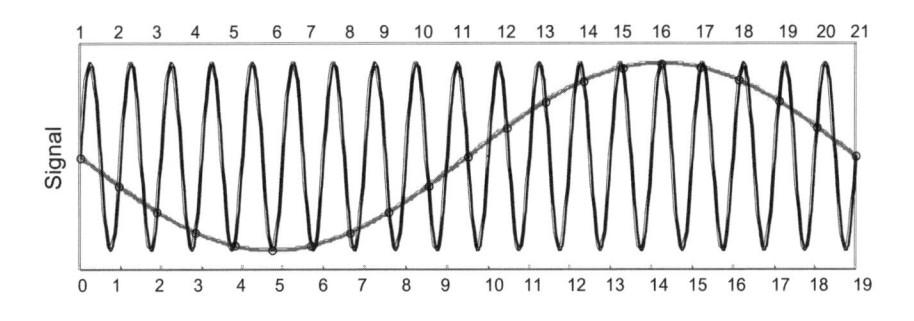

図9-12　アンダーサンプリングによるエイリアシング

　入力信号に含まれる振動数成分がナイキスト振動数より高いと折り返し現象が生じ、サンプリング後の信号の振動数成分に、ナイキスト振動数以上の信号が異なる振動数に変換されてノイズとして残る。これを**折り返しノイズ**という。**アンチエイリアシングフィルタ**の役割は、サンプリングする前にあらかじめ入力信号からナイキスト振動数以上の振動数成分をカットする（ローパスフィルタをかける）ことにより折り返しノイズを除去することである。

(2) 周波数分析

　実際に人体に作用する振動は、様々な振動数の成分波からなる**ランダム振動**である。ランダム振動の場合、振動の時系列波形から最大値や暴露時間などの**時間領域**の情報は得られるが、どの振動数成分が卓越しているか、あるいは成分波のエネルギーがどのように分布しているかといった**周波数領域**の情報は把握しづらい。このような場合、時間領域から周波数領域に変換して振動波形の周波数特性を求める方法が**周波数分析**である。環境振動において周波数分析を行う場合、**高速フーリエ変換**、**オクターブバンド分析**、**ウェーブレット変換**などが使われる。

(a) 高速フーリエ変換

　計測された時刻歴波形から波形の一部（時間T）を切り出し、この波形を無限に繰り返す周期関数と考える。周期関数はフーリエ級数展開することができ、無限個の正弦波を合成した波形と見なすことができる。各正弦波の振動数は、もっとも周期の長い振動数の整数倍となる。振動数ごとにその成分の寄与を表

すフーリエ振幅が求まる。振動数を横軸に、フーリエ振幅（複素数）を縦軸に取った図を**フーリエスペクトル**という（図2-4(b) 参照）。

デジタル信号を用いて**フーリエ変換**を高速に処理する方法が**高速フーリエ変換**（FFT：Fast Fourier Transform）である。FFTでは、サンプリングによるデータ数 $N = T/\Delta t$ を2のべき乗にとる。データ数としてよく用いられるのは $2^5=1024$ か $2^6=2048$ である。切り出した波形を繰り返す際、波形の終点と始点とで不連続が生じる。この不連続をなくすために**窓関数****が用いられる。窓関数としては**ハニングウィンドウ**がよく用いられる。

1) パワースペクトル

振動数を横軸に、フーリエ振幅の2乗を縦軸に取って表した周波数分析結果を**パワースペクトル**（PSD）という。振幅の2乗はエネルギー量に対応するので、パワースペクトルは振動波形のエネルギーの周波数特性を表していると見ることができる。定常的な振動波形の中に比較的強めの衝撃的波形が混入すると、全周波数領域でノイズが大きくなり、周波数特性を隠してしまうことがある。

2) クロススペクトル

2組の時系列波形がある場合、**クロススペクトル**（CSD）を算定することができる。クロススペクトルは2つの信号の相関関係を表すものであり、どの振動数で相関が大きくなるかを判定することができる。

3) 周波数応答関数

周波数応答関数は入力に対する出力の関係を求めるために用いられる。入力点と出力点の間の伝達特性を表すので**伝達関数**とも呼ばれる。周波数応答関数は複素数であり、**振幅**と**位相**で表すことができる。位相を正確に把握するには、2点で計測する時の**時刻同期性**が重要になる。入力信号と出力信号の振動波形がまったく同じ場合、伝達関数の振幅は全周波数領域で1となり、位相は0となる。任意の振動数で振幅が1以上になることは振動が増幅したことを示し、1以下になることは減衰したことを示す。例えば、1階床に対する屋上床の伝達関数の振幅を求めると、いくつかの明瞭なピークが現れる。

**限定区間以外が零となる関数

このピーク点の振動数が建物の**固有振動数**に対応する。固有振動数近傍のピーク形状からは建物の**減衰**を算定することができる。ピークが尖っていれば**減衰**は小さく、ピークの勾配が緩ければ減衰は大きい。

伝達関数の求め方には、**パワースペクトル**を用いる方法と**クロススペクトル**を用いる方法がある。

i) パワースペクトルを用いる方法

入力信号と出力信号のパワースペクトルの比を取ることにより次式から求める。

$$TF(f) = \sqrt{\frac{PSD_{output}(f)}{PSD_{input}(f)}} \tag{9.1}$$

ここに、$PSD_{input}(f)$ は入力信号のパワースペクトル、$PSD_{output}(f)$ は出力信号のパワースペクトルである。この方法で求めた伝達関数は、ノイズがなくシステムが線形であれば正確な結果となるが、一般にノイズを伴う環境振動の計測ではピーク近傍で精度が落ちる傾向が見られる。

ii) クロススペクトルを用いる方法

入力信号のパワースペクトルと入力信号と出力信号のクロススペクトルを用いて次式から求める。

$$TF(\omega) = \frac{CSD_{input,output}(f)}{PSD_{input}(f)} \tag{9.2}$$

ここに、$CSD_{input,output}(f)$ は入力信号と出力信号のクロススペクトルである。この方法で求めた伝達関数は、入力信号と出力信号の位相を考慮しており、ノイズによる影響を阻止する性質としてのロバスト性を有している。

4) コヒーレンス

コヒーレンスは入力信号と出力信号の相関の程度を表す指標であり、次式で与えられる。

$$CF(f) = \sqrt{\frac{|CSD_{input,output}(f)|^2}{PSD_{input}(f) \cdot PSD_{output}(f)}} \tag{9.3}$$

ノイズや非線形性が混入するとコヒーレンスは低下する。クロススペクトルを用いて伝達関数を算定した場合、コヒーレンスの値が小さな領域では結果の信頼度は低いと判断できる。

パワースペクトルを用いた場合とクロススペクトルを用いた場合の伝達関

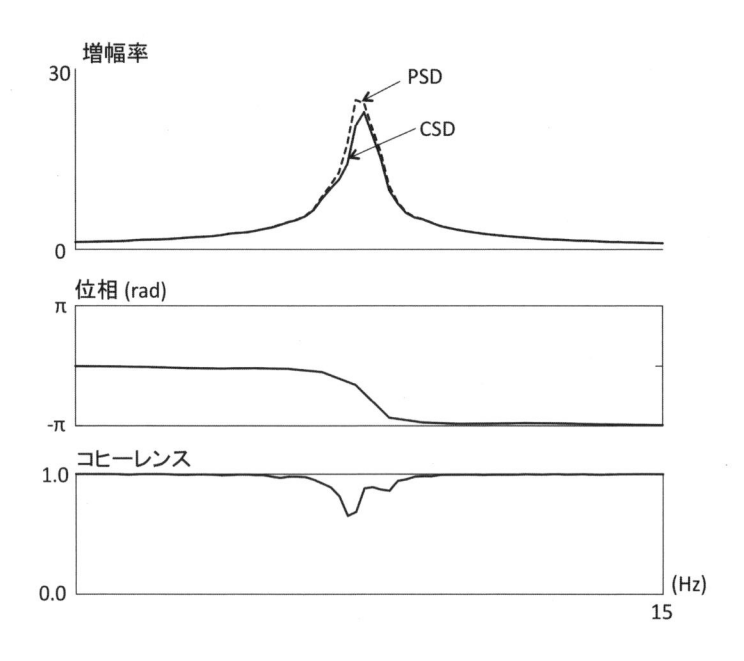

図9-13 PSDとCSDを用いた伝達関数（東京都市大学濱本研究室実験データより）

数の算定結果を**図9-13**で比較する。図を上から下に見ていくことにより以下のことが言える。両者の結果は全周波数領域でよく一致しているが、共振領域でのみ差が生じている。共振領域では、位相が90度のラインを横切っており、コヒーレンスの値が小さくなっていることを確認できる。

(b) オクターブバンド分析

オクターブバンド分析の概要はすでに**2.3(2)(b)**で説明した。ここでは、各帯域の振幅をバンドパスフィルタにより求める方法を示す。時刻歴波形を下限振動数 f_1 と上限振動数 f_2 の**バンドパスフィルタ**（**9.3(2)(c)** 参照）に通して、その出力を実効値変換したものが各帯域の振幅である。バンドパスフィルタは、平坦な信号通過域と信号を減衰する阻止域で構成され、通過域と阻止域を分ける f_1 と f_2 が**遮断振動数**である。**中心振動数**が高くなるほど帯域幅は広くなる。帯域幅は共振振動数の異なる単一共振回路を組み合わせることにより調整できる。遮断特性は単一共振回路の組み合わせ数に依存し、数が多くなるほど急峻になる。振動数を切換えながらバンドパスフィルタを順次かける**フィルタ切り**

替え方式と、バンドパスフィルタを複数用意して同時にフィルタをかける**リアルタイム方式**がある。

1/3オクターブバンドを用いる場合、中心振動数が1Hzから80Hzまでに分布する20個の帯域（振動数範囲0.9～90Hz）が通常用いられる。縦軸に振動**加速度レベル**をとったものを**振動加速度スペクトル**、**振動レベル**を取ったものを**振動スペクトル**と呼ぶ。

(c) ウェーブレット変換

フーリエ変換は、振動波形が**定常過程**と見なせる時の周波数特性を求めることはできるが、**非定常性**が顕著になり周波数特性の時間変化が大きくなると、その有効性は限定的になる。フーリエ変換を用いて周波数特性の時間変化を追跡したい場合は、**窓フーリエ変換**という方法を用いることができる。しかし、窓幅を振動数に合わせて固定する必要が生じ、広い周波数領域を対象とする場合には弱点となる。これに対して、**ウェーブレット変換**は基底関数の拡大縮小を行うことにより、広い周波数領域を対象とする場合でも有効な手法である。

(3) 振動暴露時間

(a) 振動暴露量

ISO2631-1（1985）では、周波数に対する振動の大きさを評価する曲線が1分～24時間の9種類の**暴露時間**に対して用意されていたが、ISO2631-1（1997）の改訂に際して、暴露時間による区別は廃止されてしまった。このため、ISOの**全身暴露振動**に関しては、暴露時間に関する直接的表現は見られなくなった。しかし、これは暴露時間の影響を無視してよいということではない。現在、ISOでは、暴露時間中の振動の**累積効果**を5.4の式（5.3）に示した**振動暴露量**（DVD）を用いて評価している。

(b) 時間率振動レベル L_x

不規則かつ大幅に変動する振動の代表である道路交通振動の計測では**時間率振動レベル**という指標が使用されている。時間率振動レベルとは、計測時間Tの間で、ある振動レベルを超える時間がx％のレベルであり、記号は$L_{x,T}$あるいは略してL_xを用いる。これは、一定時間間隔で連続して振動レベルを読み取り、その計測値を低い方から高い方へと並べて累積度数曲線を描いた時、低い方から数えて$(100-x)$％の計測値に相当する。実際の振動評価にはL_{10}がよ

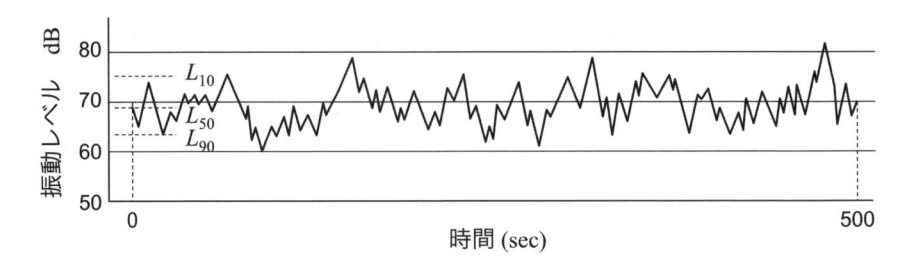

図9-14 時間率振動レベル

く用いられる。L_{10}は80%レンジ（時間率90%と10%との間）の上端値になる（図9-14）。

9.5 信号解析器

環境振動の計測で良く用いられる信号解析器には、加速度表示の**FFTアナライザー**とdB表示の**振動レベル計**がある。

(1) FFTアナライザー

加速度センサからの入力信号波形を自動的に信号調整した後、アナログ信号をAD変換してデジタル化し、**高速フーリエ変換**により信号処理を行い、その結果を短時間で表示する計測・分析装置である。表示できる結果はフーリエスペクトル、パワースペクトル、クロススペクトル、伝達関数、コヒーレンス等である。さらに、モード解析ソフトなどを内蔵して**システム同定**などの高度処理ができるようにパッケージされている。また、AD変換した後、データ収録機を用いてデジタルデータを長期間保存することもできる。

(2) 振動レベル計

振動加速度レベル（VAL）と**振動レベル**（VL）を計測する機器が**振動レベル計**である[8〜10]。許容振動数範囲は1〜80Hz、許容計測レベルの範囲は30〜120dBである。振動レベル計は以下のように構成されている。発生振動を加速度センサにより電気信号に変換した後、可変減衰器と増幅器により適当な大き

さに調整し、周波数補正回路（平坦特性回路あるいは振動感覚補正回路）を通し、整流回路により**実効値**に相当する直流にする。**加速度センサ**として現在最もよく使用されているのは圧電型である。公害振動評価を行う際などに利用され、公害振動計ともいう。

振動レベル計で衝撃的な振動を計測すると指示値は激しく反応する。この反応の速さを表すのが**動特性**であり、**時定数**を用いて表現される。人体の振動感覚特性として、**継続時間**が1秒以上の振動は**連続振動**とほぼ同じ大きさに感じられるが、1秒以下の振動になると連続振動より小さく感じられることが知られている。時定数はこの感覚特性に基づいて決められている。ある大きさ E の連続信号を指示回路に入力した時、その値が $E_0 (<E)$ になるまでの時間を時定数 t_0 といい、以下の関係が成り立つ。

$$E_0 = E(1 - e^{-t/t_0}) \tag{9.4}$$

時定数 t_0 の値は、わが国では0.63秒としているが、ISO8041では1秒を採用している。

9.6 データベースの構築

従来、環境振動に関する問題や苦情が発生すると個別に対応することが多く、いったん事前・事後対策が実施されると、データを残さずに破棄してしまうことが一般的であった。しかし、計測されたデータを蓄積して**データベース**を構築することができれば、個別対応の段階を越えてより普遍的な環境振動問題の解決に役立つ資料とすることができる。最近、ハードディスクの記憶容量が大幅に増加するとともに機器のサイズは小型化しており、環境振動におけるデータベース構築のための周辺環境が整ってきている。振動計測データの収納に便利なデータロガーを利用したデータベースの構築も考えられる。

9.7 環境振動計測の今後の課題

環境振動で用いる振動の大きさに関する単位としては、当面、絶対値のm/sec^{2}と相対値のdBを併用することになるだろう。しかし、建物内部の環境振動に関しては、建物全体あるいは各部位・部材の固有振動数における振動増幅

を考慮して事前・事後対策を進める必要があるため、m/sec^{2}を基本単位としdBを補助的に用いる方向が好ましい。強風や強震動による振動を対象とする構造分野との関係、すなわち**性能設計**の文脈で日常性と非日常性との連続性を考える上でも、建築の分野では基本単位をm/sec^{2}とすることが妥当といえる。

1976年の**振動規制法**の制定からすでに半世紀近く経過し、建築や都市も大きく変化しているにも関わらず、振動規制法の見直しはこれまでまったく進んでいない。道路交通振動や工場振動のような**公害振動**に対する計測法は振動規制法により規定されているが、その計測対象は地盤であり、実際に長時間生活する建物内部での計測は対象としていない。今後のあり方としては、排出規制側と居住域評価側との連係の確立が望まれる。

環境振動は、振動源の種類と特性の多様性、伝搬経路の錯綜による複雑性、対象点における応答の増幅・減衰による変動性など、大きな不確定要素を有しており、**振動計測**の結果の解釈には高度の判断能力が要求される。その判断の基本となる振動計測は、客観的かつ定量的で信頼しうる情報でなければならない。そのためにも、今後、環境振動の統一的・普遍的な計測方法を確立することはきわめて重要な課題といえる。

参考文献
1) 大熊恒靖：環境振動と機械振動にみる計測の違い、第20回音・振動シンポジウム資料、pp.1-4、1982
2) 中野有朋：環境振動、技術書院、1996
3) 日本建築学会：環境振動・固体音の計測技術マニュアル、オーム社、1999
4) 石橋敏久：現場における振動測定に関する実態、建築技術、pp.120-123、2004
5) 富田竜太：環境振動の測定方法、騒音制御、Vol.35、No.2、pp.166-170、2011
6) 濱本卓司：建築物の挙動をはかる新しいセンシング技術、建築防災、No.378、pp.2-9、2009
7) Mansfield, N.J.：Human Response to Vibrations、CRC Press、2005
8) 吉川教治：環境振動の測定・評価に関する国際規格の動向、第22回環振資料、pp.35-41、2004
9) 吉川教治：振動測定器の現況、建築技術、pp.124-127、2004
10) 平尾喜裕・吉川教治：環境振動の測定・分析方法、音響技術、Vol.155、pp.32-38、2011

10章
振動の評価

　居住空間の快適性を考える上で、振動刺激は他の環境刺激とは異なる特徴をもっている。図10-1の左側に示すように、音、熱、光などの環境刺激に対する人間の反応は、刺激の強さが大から小に変化する中で、快適性はその中間に位置づけられている。すなわち、音、熱、光などの環境刺激に対する快適性は、至適特性を追究することが基本になる。図10-2は温熱体感指標に見る予測平均温冷感申告（PMV）と予測不満足者率（PPD）[*]との関係を表示しているが、これは正に上記の典型的な例である。この図によれば、もっとも理想的な中立点においてすら5%の不満足者がいることになる。これは、快適性に関する個人差が見込まれていることを示唆している。さらに、快適性の指標として不満足と答えた人の割合を用いていること自体、すでに個人差を念頭においている。

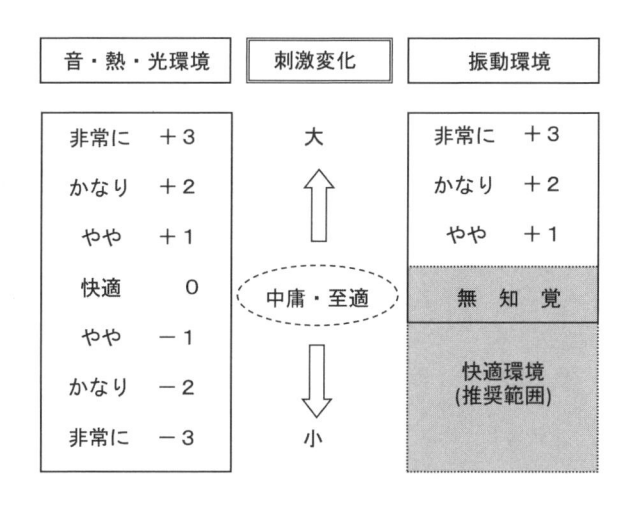

図10-1　環境振動における反応の特殊性

[*] 人体の熱的快適感に影響を与える要素は、室温、平均放射温度、相対湿度、風速の4つの物理的要素と着衣量、作業量の2つの人的要素が関係する。この6つの要素の複合効果をいかに評価するかを扱う指標である。1967年にデンマーク工科大学のファンガー教授による快適方程式の導出に基づき、人体への熱負荷と人間の温冷感覚を関係づけるために提案され、ISO7730（1994）に取り入れられた。

快適性を考える時、この個人差をどう扱うかはきわめて本質的な問題である。
　音、熱、光などの至適特性を追求する環境刺激に対して、環境振動は「あってはならない」刺激として位置づけられる。揺籠、ロッキングチェアー、マッサージ器などのように、振動を利用することを目的とする家具・什器類の振動は別として、居住空間においては振動を対象とした至適環境はありえず、無振動（無知覚）状態が最善である。音、熱、光などのように刺激が存在することが前提となる環境要素の場合は、その大きさを制御して至適環境の範囲を創り出すことができるし、そのことが快適性を維持するための目標となる。しかし、環境振動においては、刺激の大きさの至適化が問題なのではなく、居住空間から排除することが最大の目標になる。したがって、環境振動の分野で取り組むべき課題の全ては、無知覚振動環境に収斂していくといっても過言ではない。
　しかし、否応なく振動が存在する状況、あるいは最大限の対処をしてもなお振動が存在する状況が多いので、そうした場合への対処として、居住者が振動を容認できる範囲を明確にしておく必要がある。環境振動の中心テーマは快適性というよりは容認であり、さらにそれを限りなく「快適性＝無知覚」の範囲に収めるための各種の方策であるといえる。

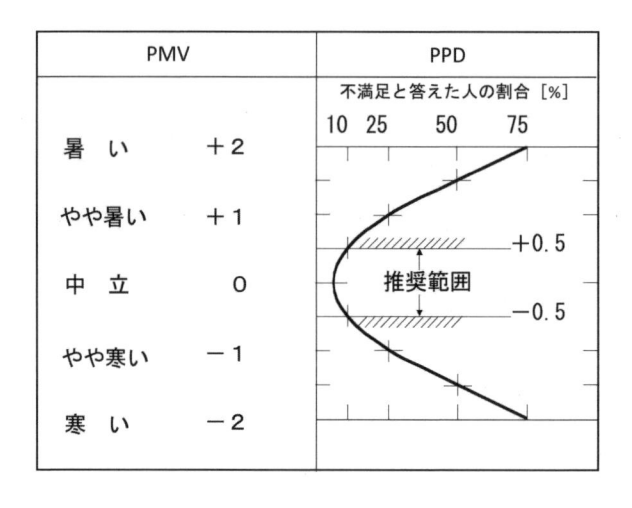

図10-2　温冷環境にみる反応と評価の例

10章：振動の評価　　121

10.1　日本建築学会「居住性能評価指針」

　日本建築学会の**「居住性能評価指針」**は、日本初の建物内部における環境振動に関する評価指針として1991年に出版された。その後、2004年に改定が行われ、今後もほぼ10年に1度の改定が予定されている。本書では、前者を前(1st)指針、後者を現（2nd）指針とよぶことにする。前者と後者は指針提案が根本的に異なるので、そうした点を確認する意味で両者を紹介している。

(1)　前（1st）指針（1991）[1)]

　歩行・走行・跳躍などの人の動作や**設備機器**により建物内部で生じる床の**鉛直振動**と強風による**高層建築物**の**長周期水平振動**に関する推奨値を示し（図10-3)、構造設計者に広く利用された。当該指針が構造設計者の利用を強く意識した評価指針となった理由として、当初、日本建築学会構造委員会鋼構造運営委員会から環境振動委員会に「強風に対する高層建築物の**居住性**の**恕限度**を示して欲しい」という強い要望があり、これを受けたことが評価指針作成のきっ

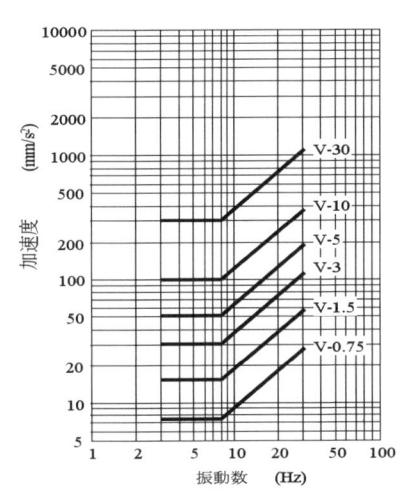

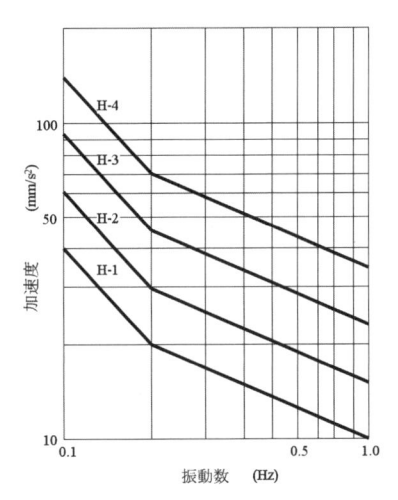

　　　人間活動・設備機器に対する鉛直振動　　　　　高層建物の長周期水平振動
　　　　　　　　　　　図10-3　居住性能評価指針（前指針）

かけとなった背景がある。

(a) 人の動作と設備機器による床の鉛直振動

対象とする振動数範囲は3～30Hzである。建物の用途として住居とオフィスの2種類を対象とし、オフィスは会議・応接室と一般事務室に分けている。性能区分をランクⅠ～Ⅲに分け、ランクⅠを推奨値、ランクⅡを標準値、ランクⅢを許容値の目途としている。オフィスの会議・応接室の評価曲線を基本として、住居の居室・寝室はこれより1ランク上の評価曲線、オフィスの一般事務室はこれより1ランク下の評価曲線を適用している。

評価曲線は床の鉛直変位と鉛直加速度で表示されている。V-0.75の感覚閾値を基本に6曲線からなり、**連続振動**にはV-0.75、V-1.5、V-3、V-5の4曲線、**衝撃振動**にはV-10、V-30の2曲線を用いる。VはVerticalのイニシャルのVであり、鉛直振動であることを示し、Vの右側の数字は各曲線の8Hz以下の加速度実効値（cm/sec^2）に対応した値で示している。衝撃振動に関しては、V-10は床の減衰比が3%以下の場合、V-30は減衰比が3～6%の場合に適用することになっている。これは、衝撃振動は連続振動よりも感知しにくいこと、さらに**減衰**が大きくなるとさらに感知しにくいことへの対応である。

(b) 風による高層建築物の長周期水平振動

主として高層建築物の振動評価が中心であり、対象とする振動数範囲は0.1～1.0Hzである。建物の用途として住居とオフィスの2種類が対象となっている。**再現期間**1年の強風に対して発生する最大加速度に対して評価を行う。住居では老若男女の不特定多数の人々を対象にしており、高層建築物は当代の技術の粋に基づく建築物であることを前提に、居住者が振動を知覚しないことが望ましいとの観点から知覚閾に基づく評価値を採用している。オフィス用途では、勤務時間と年齢構成に限定要素があるとの観点から住居よりは緩めの評価値を採用している。風に対する高層建築物の応答は水平2成分とねじり成分が合成されたものになるが、評価指針ではねじり成分は無視し、水平2成分の大きな方のみに着目している。評価に用いる振動数は、その成分方向の建物の1次固有振動数である。

正弦振動の振幅に対する**ランダム振動**の最大値の比を、最小知覚閾に関しては2.0、平均知覚閾に関しては1.75とし、最小知覚閾と平均知覚閾の間を対数軸で3等分してH-1、H-2、H-3、H-4の4本の評価曲線を設定し、この4本の評

価曲線を用いて住居とオフィスの用途別に性能を評価している。Hは Horizontalのイニシャルの H で水平振動を示し、H の右側の数字は鉛直振動の時のような物理的な意味ではなく振動のランクを表している。性能区分をランクⅠ～Ⅲに分け、ランクⅠを推奨値、ランクⅡを標準値、ランクⅢを許容値の目途としている。住居のランクⅠ～Ⅲは評価曲線の H-1～3 とし、オフィスのランクⅠ～Ⅲは1ランクずらして評価曲線の H-2～4 として設定している。

(2) 現 (2nd) 指針 (2004)[2]

建築基準法が仕様設計から**性能設計**へと移行したことを受け、前指針における人の動作と設備機器による床の鉛直振動（Ⅰ）、及び強風による高層建築物の長周期水平振動（Ⅲ）の評価曲線を**知覚確率**によって表現する形式に変えている（**図10-4**）。性能設計という時代的要求に応えて評価指針を改定したという点で、これもまた構造設計者の利用を強く意識した評価指針となっている。さらに、指針で扱う振動源として追加の要望が多かった**鉄道・道路交通振動**（Ⅱ）に関する評価曲線を新たに加えて全体の枠組が拡張されている。知覚確率は、室内の床中央に位置する何パーセントの人が振動を感じるのかを示したものであり、評価曲線には 10、30、50、70、90％ の場合が示されている。この評価曲線を設計で利用するには、設計目標値を何％の知覚確率に相当する評価曲線を採用すべきかを居住者あるいは施主が設計者の助言のもとに決定する必要が

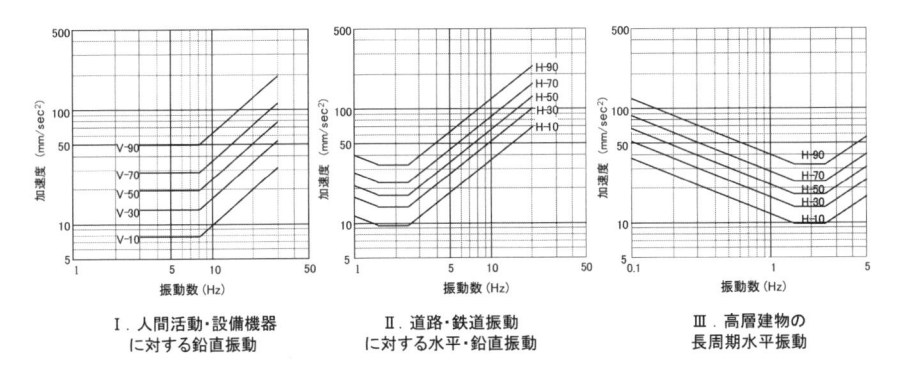

図10-4 居住性能評価指針（現指針）

Ⅰ. 人間活動・設備機器に対する鉛直振動
Ⅱ. 道路・鉄道振動に対する水平・鉛直振動
Ⅲ. 高層建物の長周期水平振動

ある。対象とするⅠ、Ⅱ、及びⅢの3種類の振動源に対する評価曲線の振動数範囲はそれぞれ異なっているが、任意振動数に関する同じ知覚確率の評価曲線は鉛直・水平振動ともに同一の値となるようにそれぞれの線が連続的に繋がっている。振動源の違いに関わらず、居住者の反応に拠り所を置いた設定になっているが、3つの振動源の**波形パターン**はまったく異なっており、実際には3種類の振動源の評価曲線を同じように扱うことには無理がある。波形パターンが評価曲線に与える影響に関しては今後の検討課題であるといえる。現指針は徐々に構造設計者に利用されるようになっているが、知覚確率というパラメータの解釈を含め、どの知覚確率に対する値を設計に採用すべきか判断しづらいという指摘も多い。

振動の評価は、鉛直振動に関しては**図10-5**のように床の応答が最大となる床中央位置において、また水平振動に関しては架構の応答が最大となる位置、すなわち一般的には最上階において行われる。このため、評価点以外の位置での知覚確率はもっと低くなるわけで、現指針の評価曲線は個人差の**ばらつき**が

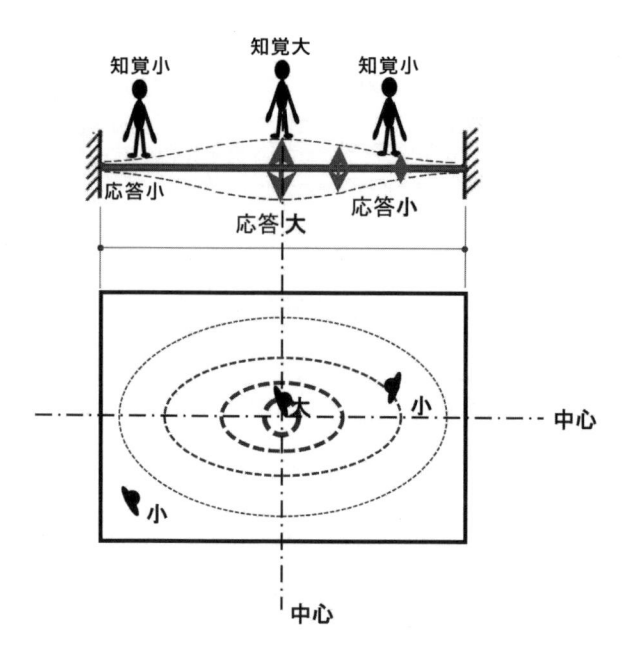

図10-5 床の鉛直振動の評価（同一床内での応答の違い）

含まれ、余裕を持った値の設定になっている。

(a) 人の動作・設備機器による床の鉛直振動

人の動作と設備機器によって建物の床に生じる鉛直振動を評価する。知覚確率50％の評価曲線の加速度値を3～8Hzで0.02m/sec^2、8～30Hzで0.0025f m/sec^2（fは振動数）と設定している。知覚確率の分布は対数正規分布に従うと仮定し、変動係数を80％として何％の知覚確率になるかを設定している。振動の評価は性能評価曲線に1/3オクターブバンド分析の結果を照合することにより行う。

(b) 交通による床の鉛直・水平振動

道路・鉄道交通によって建物の床に生じる鉛直振動と水平振動を評価する。鉛直振動の評価曲線は人の動作と設備機器の評価曲線と同じである。水平振動の評価曲線は、知覚確率50％の評価曲線の加速度値を1.0～1.5Hzで0.0215$f^{-0.5}$m/sec^2、1.5～2.5Hzで0.0178m/sec^2、2.5～30Hzで0.00846$f^{0.8}$m/sec^2（fは振動数）と設定している。知覚確率の分布は対数正規分布に従うと仮定し、変動係数を80％として何％の知覚確率になるかを設定している。振動の評価は性能評価曲線に1/3オクターブバンド分析の結果を照合することにより行う。

(c) 強風による水平振動

強風により高層建築物に生じる水平振動を最上階床面の位置で評価する。知覚確率50％の評価曲線は交通振動に対する水平振動の評価曲線と1～5Hzで同じであり、0.1～1Hzでは交通振動の評価曲線の1.0～1.5Hzにおける0.0215$f^{-0.5}$m/sec^{2}を外挿した形になっている。知覚確率の分布は対数正規分布に従うと仮定し、変動係数を80％として何％の知覚確率になるかを設定している。振動の評価は性能評価曲線に建物の並進振動の**固有振動数**と再現期間1年の最大応答加速度を照合することにより行う。

10.2　国際規格ISO

1960年代初頭、国際的に統一された振動許容値を設定する動きが起こり、ISO（International Organization for Standardization）/TC108（108技術委員会）の第1回会議が1964年に開催された。この会議を契機に**全身暴露振動**に関するISO2631の作成作業が始まり、1974年に初めての国際規格として制定された[3]。

ISO2631は1985年に改定されたが、この時ISO2631-1〜4の4つの分科会に分かれた。ISO2631-1は人体の全身暴露振動評価の必要条件、ISO2631-2は建物内部の振動評価、ISO2631-3は長周期鉛直振動に関する動揺病評価、ISO2631-4は船舶内の機械振動暴露の評価を扱うことになった。その後、ISO2631-2が1989年に改定、さらに2003年に再改定、そしてISO2631-1は1997年に改定と、改定作業が休みなく続けられている。

ISO関連の基準は、基本的に、振動が人体に入力する位置で計測・評価する考え方を取っており、この点が後述するわが国の**振動規制法**とは根本的に異なる点である。

(1) ISO 2631-1（1985）[4]

全身暴露振動の計測と評価の基本を述べている。振動種別として、**周期的振動、ランダム振動、過度的振動**を扱っている。評価項目は、**保健性、快適性、知覚**の3項目、対象とする振動数範囲は1〜80Hzである。人体を基本にした振動の方向(x, y, z)を**立位、座位、仰臥位**それぞれについて定義している（5.1参照）。**振動感覚**に影響する振動特性として、振動の強さ、**振動数、方向、暴露時間**の4項目が取り上げられている。

以下の3種類の許容基準が示されている。
1) **暴露限界**：健康維持のために設定されている。
2) **疲労・能率減退境界**：作業能率保持のために設定されている。

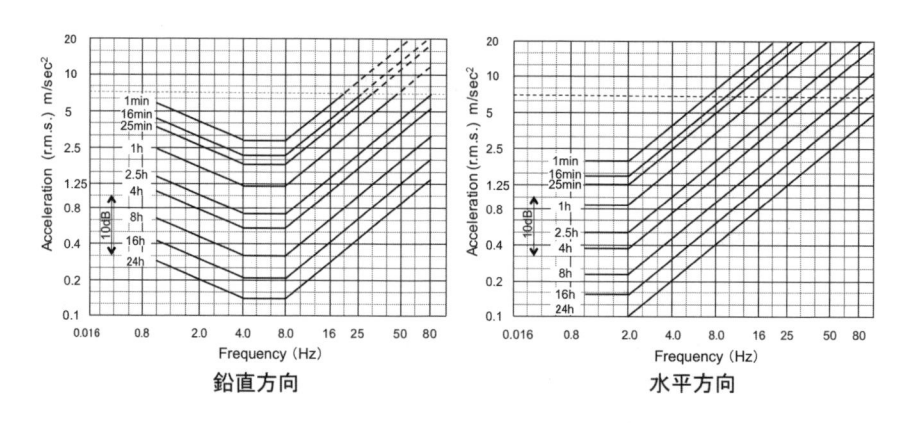

鉛直方向　　　　　　　　　水平方向

図10-6　ISO2631-1の疲労・能率減退境界の基本曲線

3) **快適性減退境界**：快適性保持のために設定されている。

評価曲線は**1/3オクターブバンド**の中心振動数と加速度実効値により表現されており、**図10-6**のように暴露時間1分〜24時間の9種類の曲線が与えられている。鉛直振動と水平振動に対する疲労・能率減退境界を基本曲線として定め、暴露限界をその2倍、快適性減退境界をその1/3倍の値に設定している。すなわち、居住性の必要かつ十分条件で見た4項目に対し、1）が**保健性**を、2）が**機能性**を、そして3）が**快適性**に対応しているといえる（**表1-1**参照）。

(2) ISO 2631-1（1997）[5]

ISO 2631-1（1985）の改訂版である。振動種別として、**周期的振動、ランダム振動、過度的振動**を扱っているのは前版と同じである。評価項目は、**保健性、快適性、知覚、動揺病**の4項目である。対象とする振動数範囲は、保健性、快適性、知覚は0.5〜80Hz、動揺病は0.1〜0.5Hzである。振動感覚に影響する

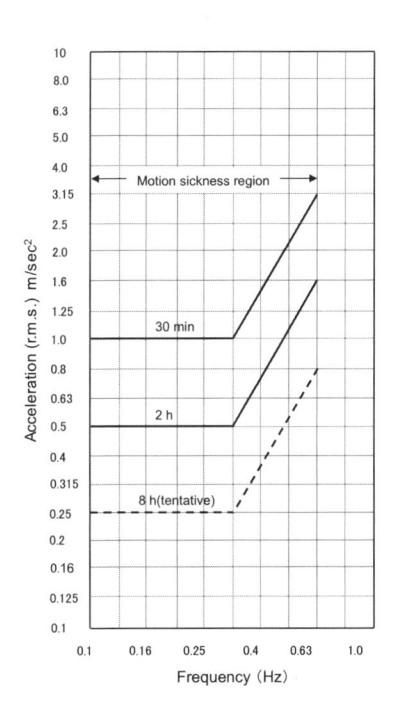

図10-7 IISO2631-3の長周期上下振動による動揺病評価

振動特性として、振動の強さ、**振動数**、**方向**の3項目が取り上げられ、**暴露時間**は表面的には除かれている。

　ISO 2631-1（1985）からの主な変更点は、①振動数と加速度実効値で表現された評価曲線ではなく、振動数とdBで表現された**周波数重み付け曲線**（5.2(1)を参照）が示されたこと、②暴露時間による区別が廃止されたこと、③以前はISO 2631-3（1984）[6]で扱われていた**動揺病**評価（図10-7）を加えたことである。その代わりにISO2631-3は廃止された。

(3) ISO 2631-2（1989）[7]

　ISO 2631-1（1985）の評価曲線を建物の振動に適用する方法などを定めている。対象とする振動数は1～80Hzである。評価曲線は3種類で、振動数に対する加速度実効値と速度実効値による表示の2種類を提示している。方向に関しては、z軸基本曲線、x,y軸基本曲線、x,y,z軸**合成基本曲線**がある。合成基本曲線とは、z軸基本曲線とx,y軸基本曲線の厳しい部分を包絡的に描いたもので、1～2Hzはx,y軸基本曲線、8～80Hzはz軸基本曲線に対応し、それぞれの間の2～8Hzは2つの曲線を補間している（図10-8）。合成基本曲線は、元来、和室のように多用途に用いられる空間では、**姿勢**も**方向**も多様となることから、日本からの要求により追加された曲線である。

(4) ISO 2631-2（2003）[8]

　ISO 2631-2（1989）の改定版であり、ISO2631-1（1997）に準拠しているが、振動の方向には依存しない独自の**周波数重み付け曲線**を与えている。これは、建物内部では身体の向きを自由に変えながら生活するためである（5.2(2)参照）。

(5) ISO 6897（1984）[9]

　固定式海洋構造物と**高層建築物**を対象に0.063～1.0Hzの**長周期水平振動**に関する**苦情限界**と**知覚限界**を示している（図10-9）。高層建築物の評価の対象が一般的な成人であるのに対し、固定式海洋構造物に関しては訓練を受けた専従者である。高層建築物の苦情限界は、再現期間5年の強風における最盛期での10分間の振動に対して規定されており、**苦情が2%を超えないレベル**をその

10章：振動の評価

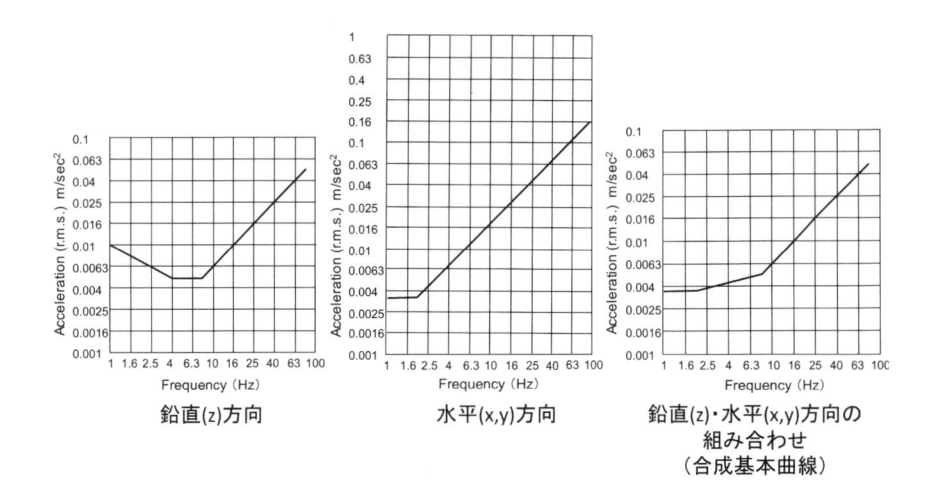

鉛直(z)方向　　　　　水平(x,y)方向　　　鉛直(z)・水平(x,y)方向の
　　　　　　　　　　　　　　　　　　　　　組み合わせ
　　　　　　　　　　　　　　　　　　　　　（合成基本曲線）

図10-8　ISO2631-2における合成基本曲線の考え方

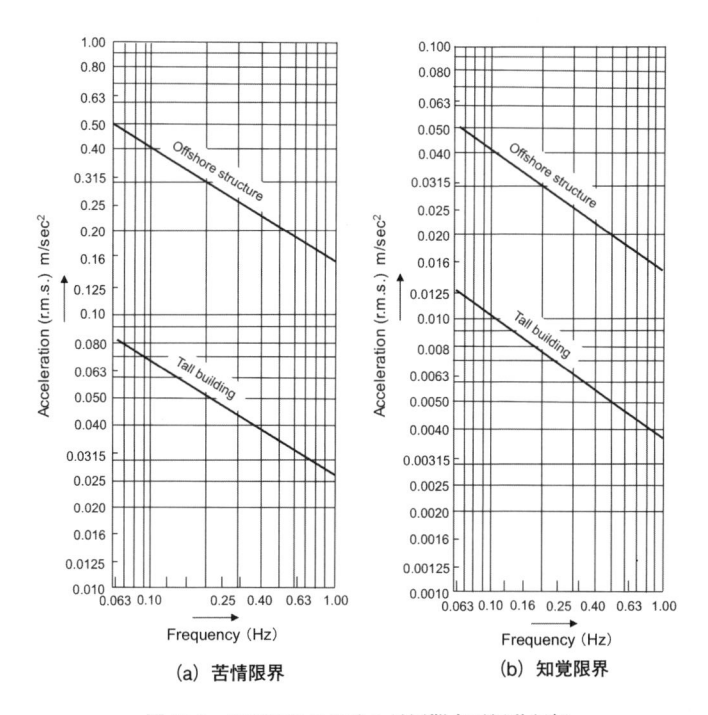

(a) 苦情限界　　　　　　　(b) 知覚限界

図10-9　ISO6897における長周期水平振動評価

根拠としている。固定式海洋構造物における苦情限界は専従者が熟練作業を続けられなくなる限界であり、高層建築物における苦情限界の6倍の値を設定している。知覚限界は、高層建物物では苦情限界の1/6.5、固定式海洋構造物では1/10の値となっている。日本建築学会の「**居住性能設計指針**」が知覚限界のみで表現されているのに対し、ISO6897では苦情限界を設定した後、これに関連付ける形で知覚限界が設定されている。

10.3 振動規制法（1976）[10]

わが国の**振動規制法**は、生活環境の保全と健康の保護のために、工場・事業所、建設作業、道路交通から発生する振動の排出を規制することを目的として1976年に施行された。規制基準値は、原則として、敷地や道路の境界線での**振動レベル**（VL-dB）で表す。敷地境界とは、上記それぞれ所轄施設が住居地域に接する境界のことである。

振動計測には計量法に定められた条件を満足する**振動レベル計**を用いることになっており（**9.5(b)** 参照）、その計測単位としての振動レベル（VL）は次式で与えられる。

$$L_V(t) = 10\log\frac{a_w(t)^2}{a_0^2} \tag{10.1}$$

ここに、

$$a_w(t) = \sqrt{\frac{1}{\tau}\int_{-\infty}^{t_0} a_w(t)^2 \exp[-\frac{t_0-t}{\tau}]dt} \tag{10.2}$$

t_0 は観察時点、$a_w(t)$ は周波数補正加速度の**瞬時値**、τ は**時定数**（=0.63s）である。

都道府県知事は、地域を指定し、**工場振動**や**建設作業振動**について必要な規制を行うとともに、**道路交通振動**に関わる要請の処置を定めなければならない。

(1) 工場振動の規制基準値

規制基準値は5dBの幅を有している。第1種区域では、昼間は60〜65dB以下、夜間は55〜60dB以下、第2種区域では、昼間は65〜70dB以下、夜間は60〜65dB以下、と定められている。なお、第1種区域とは主に低層・中高層の

住宅専用用地、第2種区域とは主に商業用地や工業用地として定められた区域である。

(2) 建設作業振動の規制基準値

特定作業（杭打ち、杭抜き、ブレーカーなど）に対して75dB以下とする。特に静穏保持が必要な地域では、夜間（午後7時〜翌午前7時）作業を禁止し、1日の作業時間は10時間以下、作業期間は連続6日以内、さらに日曜・休日の作業の禁止を定めている。そのほかの地域では、夜間（午後10時〜翌午前6時）作業を禁止し、1日の作業時間は14時間以下、作業期間は連続6日以内、さらに日曜・休日の作業の禁止を定めている。

(3) 道路交通振動の規制基準値

第1種区域では、昼間65dB以下、夜間60dB以下、第2種区域では、昼間70dB以下、夜間65dB以下を要請限度として定めている。

10.4 新幹線鉄道振動（1976）[11]

新幹線鉄道振動は法規制の対象とはなっていない。しかし、振動規制法と同年、環境庁長官から運輸大臣に対して「環境保全上緊急を要する新幹線鉄道振動対策についての勧告」が出ており、振動レベルが70dBを超える地域について緊急に振動源および障害防止対策を講じることが定められている。計測方法も示されており、上り下りを合わせて連続20本の各通過列車の最大振動レベルを計測し、レベルの大きさが上位半数の10本を算術平均することにより評価することになっている。

10.5 官庁施設の基本的性能基準及び同解説（2006）[12]

官庁施設が備えるべき主要な性能の水準およびこれを満たすために必要な技術的事項等をまとめたもので、2001年の初版時には環境振動に関する記述は見られなかったが、2006年の改訂版では「振動に関する性能」の章が新たに設けられた。

「振動に関する性能については、地震以外の要因による振動により心理的または生理的な不快感を与えることのないよう、人の動作または設備による振動、交通による振動、および風による振動について性能の水準等を定める。」と記述されている。基本的には日本建築学会の**「居住性能評価指針」**（現指針）に準拠した形になっているが、応答加速度の目標値を、人の動作または設備機器による振動に対しては評価曲線V-70～90以下、交通による振動に対しては評価曲線V-70～90以下およびH-70～90以下、風による振動に対してはH-70～90以下、と具体的に提示している点に特徴がある。

10.6　振動評価の過去・現在・未来

　ここまで、日本建築学会「居住性能評価指針」、国際規格ISO、振動規正法など、建築の環境振動に関わる基・規準の概要を記してきた。個々の建物あるいは群としての建物（都市）の環境振動評価は、これら基・規準を参照して進められる。いずれの基・規準もその時々の社会の要請により作られたものであり、その基・規準が適用される場所と時代の制約を色濃く受けている。すなわち、そのときの社会の成熟度や経済状態、さらにはその時代における知識や知見の蓄積の質と量が基・規準の成立に大きな影響を与えている。

　日本建築学会**「居住性能評価指針」**の前指針が世に出た時も、まずはその当時の関連基・規準の調査と整理[13]を行った後に、指針独自の新規性が打ち出された[14～16]。同様に現指針を刊行する時も、前指針以後の関連基・規準の最新情報や新たな対象領域に関する調査[17]を行った後に、改定へ向けての作業が進められた[18～23]。特に各国からの意見調整が間断なく続けられている国際規格ISOの動向には細心の注意が払われている[24～27]。

　現指針が出版されると同時に、次の改定に向けての課題の抽出や調査研究も進められている。現指針の形式では、最近増加しているトラブルやクレームに対する参考にしにくいことや、住宅の品質確保の促進等に関する法律である品格法の住宅性能表示制度の評価項目として取り入れにくいことが指摘されているため、性能ランクの設定や説明性の向上などを目指した提案が行われるようになった[28]。こうした提案としては、内部振動源の歩行による振動に限定して品格法への導入を目指そうとする試み[29]や、現指針の知覚確率による表現形

式と施主や居住者への説明性を高めるための性能ランクの設定との関係性に関する検討[30,31]などがある。また、環境振動が対象とする多種多様な**振動源―伝搬経路―対象点**の関係をいかに統合的・総合的に扱うかという問題へのアプローチ[32,33]や、これまで評価と設計を一体として扱ってきた「居住性能評価指針」を「**評価指針**」と「**設計指針**」に分離することにより、正弦波入力だけを対象としてきた評価に**衝撃振動**や**継続時間**などの影響を考慮しうる普遍的・学術的な「評価指針」を確立するための検討[34,35]も進められている。

10.7 環境振動評価の今後の課題

　環境振動の評価は、評価基準がなければ始まらない。建築・都市の環境振動の評価基準は、建物の内部、それも人体への入力点となる床における水平・鉛直振動として与えられる。あくまで振動が人体に及ぼす影響を評価するための基準であり、建物内部における居住性確保のための事前・事後対策に指針として利用される。しかし、耐震規定のように、その基準に適合しないからといって建築許可がおりないというような社会的制約ではない。評価基準をどう解釈するかは、あくまで利用する側の問題である。したがって、評価基準そのものは、基準の使い方まで述べる必要はないし、そこまで立ち入らない方が良い。大事なことは評価基準を利用する人が理解しやすい表現になっているかどうかである。環境振動は多種多様であるが、振動源ごとに評価の基本的な考え方が違うということになると、基準を利用する側にとっては煩雑でわかりにくい内容ということになる。

　日本建築学会の「**居住性能評価指針**」（現指針）は、振動の大きさとそれらに対する知覚確率の関係を与えている。環境振動の評価においては、「**快適性**」よりは「**容認**」が本質的な課題であることはすでに述べた。この「容認」の指標としては、「知覚と割合」ではなく「知覚と程度・現象」の関係で表現した方がわかりやすい。たとえ100％の人が振動を知覚したとしても、それが何ら具体的な支障を及ぼさない程度の大きさならば配慮する必要性は小さい。割合だけではなく、既述した温熱環境指標の**PMV**と**PPD**のように、意味を持った事象で裏付けや説明をすることにより、評価基準はもっとわかりやすく説得力をもつはずである。さらに、環境振動は**表**10-1に示すように、有感の範囲に

表10-1 日常生活における(生産活動も含めた)身の回りの振動

無知覚	感じない	理想的		なし	不要	主要連係
感覚		支障		配慮対象	対象対策	分野
有感	知覚	無支障	なし	人的	防振	環境
	かすかに	心理的	気が散る			
	はっきり	生理的	睡眠不足		制振	構法
	強く	生活上	什器、設備類の振動	生活		
	激しく	行動上	執務効率、歩行困難	行動	免震	
		生産上	歩留まり低下			
		建築物上	ひび割れ、隙間			
	耐えられない	損壊		建築強度	強度確保	構造
	行動不可能	破壊				
考慮すべきその他の事項		大きさ、継続時間、頻度				
		建築・室用途				

単なる有感を越えた様々な支障が生じ、それに対処すべき多くの事項が位置づけられる。これら全ての事項まで対応できるように備えることが環境振動を専門とする領域の役割である。

評価対象となる振動数範囲についても現行のままでよいかどうかを再検討する必要がある。これまで、「居住性能評価指針」の振動数範囲は30Hz以下を対象にしている。これよりも高い周波数領域では、振動に対する人間の感受性が鈍くなり、前指針で扱われた設備機器や人の動作による床振動や強風による高層建築の長周期水平振動に関する限り、妥当な振動数範囲であったといえる。しかし、現指針で新たに加えられた交通振動などでは30Hz以上でも**有感振動**となる可能性がある。一方、ISOが対象とする振動数範囲の上限は80Hzである。今後、環境振動の対象がさらに多種多様になることを考えると、「居住性能評価指針」における上限振動数30Hzを高振動数側に広げる必要がある。

一方、**振動規制法**に関しては、1976年の施行以来、長期間まったく改定が行われていないこと自体が大きな問題である。その間にISOを初めとする国際的な規格は何度も改定を繰り返しており、dBの単位が国際規格からずれたままになっていることは不都合である。振動規制法はいまや国際規格から大きく隔たってしまった。さらに望まれることは、振動源側の責任は敷地境界までと

いうこれまでの視点から、振動を受ける側に立って振動源の評価を見直すと言う新しい視点への移行である。すなわち、従来の振動源から対象点へと向かう**順問題**としての振動源評価法から、対象点から振動源に遡る**逆問題**としての振動源評価法への転換が必要である（次章参照）。

参考文献
1) 日本建築学会：建物の振動に関する居住性能評価指針同解説、日本建築学会、1991
2) 日本建築学会：建物の振動に関する居住性能評価指針同解説、日本建築学会、2004
3) Griffin, M.J.：Handbook of Human Vibration、Elsevier、1990
4) ISO2631-1：Mechanical vibration and shock-Evaluation of human exposure to whole-body vibration-Part 1：General requirements、1985
5) ISO2631-1：Mechanical vibration and shock-Evaluation of human exposure to whole-body vibration-Part 1：General requirements、1997
6) ISO2631-3：Mechanical vibration and shock-Evaluation of human exposure to whole-body vibration-Part 3：Evaluation of exposure to whole-body z-axis vertical vibration in the frequency range 0.1 to 0.63Hz、1985
7) ISO2631-2：Mechanical vibration and shock-Evaluation of human exposure to whole-body vibration-Part 2：Vibration in buildings（1 to 80Hz）、1989
8) ISO2631-2：Mechanical vibration and shock-Evaluation of human exposure to whole-body vibration-Part 2：Vibration in buildings（1 to 80Hz）、2003
9) ISO6987：Evaluation of the response of occupants of fixed structures、especially buildings and off-shore structures、to low-frequency horizontal motions（0.063 to 1Hz）、1984
10) 日本騒音制御工学会／振動法令研究会：振動規制の手引～振動規制法逐条解説／関連法令・資料集、技法堂、2003
11) 環境省：環境保全上緊急を要する新幹線鉄道振動対策についての対策について（勧告）、1976（環第特32号）
12) 国土交通省大臣官房官庁営繕部：官庁施設の基本的性能基準及び同解説（平成18年版）、公共建築協会、2006
13) 日本建築学会環境振動委員会：建築における振動評価基準の現状、1987
14) 上田周明：床振動の評価／振動性能評価基準の概要、建物の振動性能評価に関するシンポジウム資料、1989
15) 後藤剛史：水平振動の評価／性能評価基準の概要、建物の振動性能評価に関するシンポジウム資料、1989
16) 後藤剛史：性能評価指針刊行に関わる推移、第30回環振資料、pp.21-24、2012

17) 日本建築学会：居住性能に関する環境振動評価の現状と規準、日本建築学会、2000
18) 塩谷清人：居住性能評価指針改定の意義と評価、日本建築学会大会環境工学部門PD資料、pp.9-12、2004
19) 塩谷清人：人の動作や設備による鉛直振動、建築技術、No.658、pp.98-100、2004
20) 横島潤記：交通による鉛直・水平振動 ‐ 外乱評価、建築技術、No.658、pp.101-103、2004
21) 野田千津子：交通による鉛直・水平振動 ‐ 人体感覚、建築技術、No.658、pp.104-105、2004
22) 中村修：風による水平振動、建築技術、No.658、pp.106-108、2004
23) 石川孝重：居住性能評価指針改定と環境振動性能設計ハンドブック、第30回環振資料、pp.25-34、2012
24) 前田節雄：環境振動評価に関する国内外の違い、第20回環振資料、pp.1-6、2002
25) 前田節雄：ISOの現状と今後の対応、建築技術、No.658、pp.111-113、2004
26) 松本泰尚：環境振動の評価方法、騒音制御、Vol.35、No.2、pp.171-177、2011
27) 松本泰尚：環境振動評価に関する国際的な動向、音響技術、No.155、pp.13-18、2011
28) 井上勝夫：環境振動に関するトラブルと性能評価について、日本建築学会大会環境工学部門PD資料、pp.3-8、2004
29) 横山裕：床振動と振動性能〜品格法の評価項目への提案、第27回環振資料、pp.21-28、2009
30) 石川孝重：感覚評価のわかりやすい説明と性能表示、建築技術、No.658、pp.98-100、2004
31) 野田千津子：顧客の価値観に基づいた振動性能ランクの提案、第30回環振資料、pp.29-34、2009
32) 濱本卓司：環境振動の新しい傾向、第19回環振資料、pp.3-8、2001
33) 濱本卓司：環境振動の新たなパラダイム、日本建築学会大会環境工学部門PD資料、pp.21-26、2004
34) 横山裕：居住性能評価指針と環境振動評価、音響技術、No.155（Vol.40、No.3）、pp.19-25、2011
35) 横山裕：今後の性能評価指針と設計指針のあり方、第30回環振資料、pp.35-40、2012

11章 振動の予測と同定

　新たに建築する建物の内部で生じるであろう振動の予測は設計段階で行われる。この時、建設予定地の振動環境を計測した上で、建物内部で発生する振動を予測するための順問題を解くことが要求される。環境振動の予測に基づく事前対策である。一方、既存建物の内部で振動低減が必要になる場合（事後対策）には、振動源を特定した上で、それがどのような伝搬経路を経て建物内部の振動を生じさせているかを明らかにする必要がある。このためには、建物内外における振動計測を実施し、その計測データに基づき、逆問題を解いて振動源と伝搬経路を同定することが求められる。

　予測と同定の対応関係は入力―システム―出力の相互関係を通じて図11-1のように説明できる。入力とシステムが既知の時に出力を未知として求める問題が順問題であり、この順問題を解くことが予測である（Ⅰ）。入力と出力が既知の時にシステムを未知として求める問題あるいはシステムと出力が既知のとき入力を未知として求める問題が逆問題であり、この逆問題を解くことが同定である（Ⅱ）。特に前者はシステム同定（ⅰ）、後者は入力同定（ⅱ）と呼ばれる。

　新築建物における振動の予測と既存建物における振動の同定は、ともに振動源→伝搬経路→対象点と連係する数学モデルが重要な役割を演ずる[1]。数学モ

Ⅰ. 予　測 （順解析）		既知	既知	未知
情報フロー		入力 →	システム →	出力
Ⅱ. 同　定 （逆解析）	ⅰ. システム同定	既知	未知	既知
	ⅱ. 入力同定	未知	既知	既知

図11-1　予測と同定

デルには、地盤の距離減衰の推定で用いられる経験式あるいは回帰式モデル[2]、梁や床の固有振動数の推定で用いられる解析解モデル、有限要素法や薄層要素法を用いる数値シミュレーションモデル[3]などがあり、目的に応じて適切に選択する必要がある。また、数学モデルの使い方には、振動源、伝搬経路、対象点を個別に検討する方法と、全体を統合した一体モデルを構築して検討する方法がある。

予測と同定で用いられる数学モデルは、いくつかの物理パラメータによって表現される。振動問題の代表的な物理パラメータには剛性、質量、減衰などがある。予測を行う場合、数学モデルを構築できても、物理パラメータが適切に設定されないと実現象を再現することはできない。物理パラメータを最も合理的に推定する方法は振動計測を介した同定である。既存建物の予測は、振動計測を実施し、同定により物理パラメータを推定した上で行われるべきである。一方、新築建物の予測は、対象建物がまだ建設されていないため、振動計測を介して物理パラメータを直接的に推定することはできない。しかし、このような場合でも、類似した別の建物の振動計測を行って物理パラメータを推定しておき、その物理パラメータのばらつきを考慮して予測するように心がけるべきである。

11.1 環境振動のスペクトル表現

環境振動の**予測**や**同定**は、**評価**や**対策**のための手段である。このために用いる**数学モデル**の妥当性は、事前に十分な検証が行われている必要がある。特に、数学モデルの有効性とともに適用限界（数学モデルが使用できる範囲と条件）を明らかにすることは重要である。また、**振動源→伝搬経路→対象点**という振動の流れに沿って、一貫した統一的な扱いがなされていることも重要である（**図 11-2**）。

振動刺激が作用する場合に人体が感じる振動は、一般に以下のようなスペクトル式を用いて表現することができる。

$$S_T(\omega,t,\theta) = S_S(\omega,t,\theta) \cdot T_P(\omega,t,\theta) \cdot T_B(\omega,t,\theta) \cdot T_H(\omega,t,\theta) \tag{11-1}$$

ここに、$S_T(\omega,t,\theta)$ は体感振動スペクトル、$S_S(\omega,t,\theta)$ は振動源の**入力スペクトル**、$T_P(\omega,t,\theta)$ は建物に至る伝搬経路の**伝達関数**、$T_B(\omega,t,\theta)$ は建物内部におけ

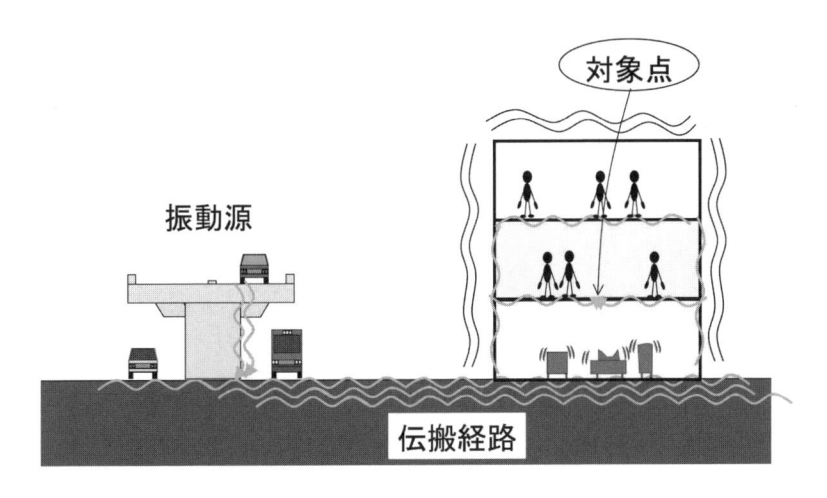

図11-2　振動源—伝搬経路—対象点の関係

る伝搬経路の伝達関数、$T_H(\omega,t,\theta)$ は人体の伝達関数であり、ω は振動数、t は時間、θ は方向を表している。建物内部に振動源がある場合は、建物に至るまでの伝搬経路の伝達関数$T_P(\omega,t,\theta)$ が不要になる。すなわち、環境振動を考える時、振動源、建物内外の伝搬経路、人体の各段階において、振動数ω、時間t、方向θ が重要なパラメータになる。方向に依存するスペクトルは**方向スペクトル**と呼ばれる。しかし、一定の姿勢を長時間保持せざるを得ない乗り物などとは違って、居住者が様々な姿勢を自由に取ることのできる建物内部においては、振動方向θ の影響を無視して、以下のような**非定常スペクトル**を用いることが多い。

$$S_T(\omega,t) = S_S(\omega,t) \cdot T_P(\omega,t) \cdot T_B(\omega,t) \cdot T_H(\omega,t) \tag{11-2}$$

さらに、環境刺激として衝撃的あるいは間欠的な作用を無視することができる場合は、時間tへの依存性も無視し、以下のような**定常スペクトル**を用いることができる。

$$S_T(\omega) = S_S(\omega) \cdot T_P(\omega) \cdot T_B(\omega) \cdot T_H(\omega) \tag{11-3}$$

振動源、伝搬経路、対象点を個別に検討する方法を用いる場合は、式（11-1〜3）における振動源の入力スペクトル、建物に至るまでの伝搬経路の伝達関数、建物内部における伝搬経路の伝達関数、および人体の伝達関数をそれぞれ

導くための数学モデルを構築する必要がある。

11.2 振動源の予測と同定

(1) 振動源の入力スペクトル

　環境振動で扱う**人工振動源**は**6章**で示したように多岐にわたっている。今後も時代の変化とともに、さらに新しい振動源が加わることは間違いない。振動源の数学モデルとは、この多種多様な振動源を対象に入力スペクトルを与えることに他ならない。しかし、このような数学モデルを構築することは、以下のような環境振動を取り巻く現状を考えると容易なことではない。

1) 振動源の種類に応じて、計測方法、データ処理方法、データ表現方法、及び評価方法が異なり、振動源の統一的な扱いが進んでいない。
2) 振動源側の計測結果を公表すると、責任を追及されることになりかねないことから、振動源のデータの公開と共有化が進んでいない。
3) 振動源となる乗り物や機器は、例えば杭打ち工法の改良に見られるように、その変化が日進月歩であり、せっかくデータを蓄積しても陳腐化しやすい。

　こうした理由により、その場限りの個別対応に追われ、人工振動源に関するデータの蓄積は進んでいない。また、振動源の**オーバーオール値**が示されることはあっても、スペクトルとして表現されることはほとんどない。

　振動源の入力スペクトルを整理する際、工場振動であれば各種の機械に対して、あるいは交通振動であれば各種の乗り物に対して、それぞれ個別のスペクトルを準備することはあまりに煩雑である。それよりも、振動源における入力スペクトルあるいは加振スペクトルを周波数特性、時間特性、指向性（方向性）に関して類型化あるいはグループ化しておき、その中から数学モデルで用いる振動源特性を選択する方法が現実的である。そのためには、振動源の振動特性に関する**データベース**の構築が望まれる。地震や風などの自然振動源に関しては、構造分野において、すでに応答スペクトルやパワースペクトルを用いたスペクトル表現が広く用いられている。

(2) 固定振動源と移動振動源

図11-3　固定振動源と移動振動源

　環境振動の人工振動源は**固定振動源**と**移動振動源**に分類することができる（図11-3）。固定振動源には、外部振動源として工場振動や建設作業振動など、内部振動源として設備機器などがある。移動振動源には、外部振動源として鉄道・道路交通振動など、内部振動源として人間活動やエレベーターなどがある。移動振動源の場合、振動源が対象点に近づきそして遠ざかることにより、固定振動源とは異なる現象が生じる。例えば、振動源が近づくと高振動数側にシフトし、遠ざかると低振動数側にシフトする**ドップラー効果**はその一例である。

(3) 外部振動源の数学モデル

　外部振動源を対象とする**振動規制法**では、工場、建設工事、道路などの敷地境界における**地盤振動**を規制のための指標としている。これは、個々の振動源を規制するのではなく、振動源による総合的影響を敷地境界において評価することを意味している。例えば、道路交通振動であれば、振動を発生する移動振動源としての自動車の振動を個々に評価するのではなく、道路を走行する多数の自動車から発生する振動を道路境界との縁石で全体として評価するということである。この場合、建物内部における振動を評価するには、振動源としての複数の自動車と伝搬経路としての道路を含む系の振動を入力スペクトルと見なすことになる。

　工場、建設工事現場、道路などの敷地境界における振動を入力スペクトルとして与えるために、実測に基づく経験式を用いた数式モデルと**有限要素法**や**薄層要素法**による**シミュレーション**のための数値解析モデルを用いることができる。経験式を用いる前者の方法では、計測データを十分に蓄積して統計的に数

式モデルを構築し、評価(対象)点での入力スペクトルを求めることになる。後者の方法では、振動源と評価点(敷地境界)を含む数値解析モデルを構築し、固定加振源あるいは移動加振源における加振力や加速度を入力して評価点での入力スペクトルを求めることになる。

(4) 内部振動源の数学モデル

建物内部の振動源には設備機器と人間行動がある。設備機器に関しては種類や大きさに応じて、外部振動源と同様に、入力スペクトルあるいは加振スペクトルを、周波数特性、時間特性、指向性(方向性)に関して類型化あるいはグループ化しておき、その中から該当する振動源特性を選択する方法が考えられる。人間活動に伴う振動は、歩行や跳躍により床を加振することによって生じるが、6.2(1)(a)で述べたように、足が床に着地し離れるプロセスと加振力の関係を**時刻歴波形**として与えることも有効な方法である[4]。

11.3　建物外部の伝搬経路の予測と同定

外部振動源から建物までの伝搬経路には、**7章**で示したように、地盤、空気、水がある。最近では**数値流体解析**(CFD)の進展により、周辺環境を考慮した風の流れを予測する方法も実用化段階に入っているが[5]、ここでは事例が最も多い地盤の振動伝搬に限定して述べる[6~10]。振動源と建物の間の伝搬経路における振動予測で重要なことは、振動の**距離減衰**と**地盤増幅**を適切に推定することである。

(1) 距離減衰の数学モデル

振動源からの距離が離れるほど振動は減衰して小さくなる(**図11-4**)。振動の**距離減衰**を推定するための経験式は一般に次式で表現できる。

$$y = y_0 \cdot \exp\{-\alpha(r - r_0)\}(r/r_0)^{-n}$$

ここに、yは対象点での鉛直変位振幅、y_0は基準点での鉛直変位振幅、αは内部減衰係数、r_0は加振点から基準点までの距離、rは加振点から対象点までの距離、nは幾何減衰係数であり、**表面波**では0.5、**実体波**では1.0である。**公害振動**では、変位振幅を加速度振幅に変換し、**振動加速度レベル**(VAL)

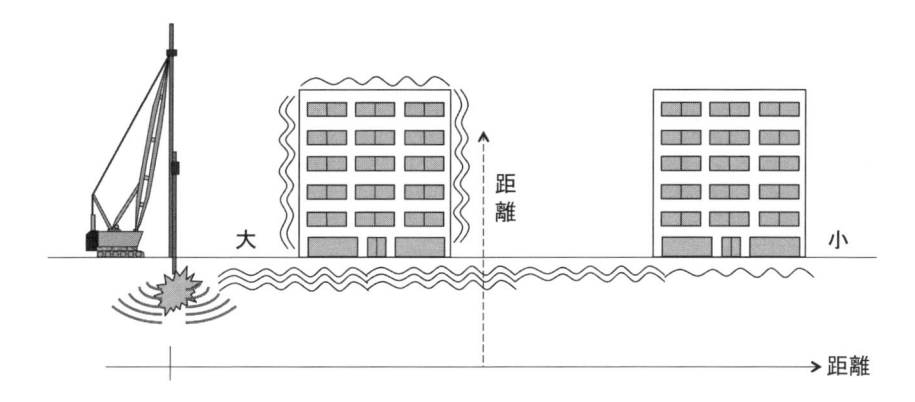

図11-4　地盤振動の伝搬における距離減衰

図11-5　地盤振動の伝搬における増幅要因

で表す式がよく用いられる。ただし、**距離減衰式**は距離による振動の大きさの減少を**オーバーオール値**で推定する形式であり、スペクトル表現は採用されていない。

(2) **地盤増幅の数学モデル**

　振動が地盤中を伝搬する過程において、距離減衰とともに**地盤増幅**も無視で

きない。特に建物の近傍地盤における増幅特性を再現しうる数学モデルが重要である。建物の近傍地盤で振動が増幅する原因には、振動源から伝搬してきた外力の振動数と近傍地盤の**卓越振動数**が近接することによる**共振現象**と、山頂や崖地上部などの**地形効果**による影響が考えられる（**図11-5**）。近傍地盤の卓越振動数や地形効果の影響を再現するには、過去の調査で得られている**地盤柱状図**や**地形図**などから地盤モデルを作成し、**多質点系モデル**、**1次元波動理論**、**有限要素法**、**境界要素法**などを用いた数学モデルの構築が必要である。

(3) 距離減衰と地盤増幅を同時に考慮する数学モデル

振動源から建物の敷地を含む地盤領域を有限要素法や薄層要素法で離散化する数値解析モデルを用いれば、計算コストや計算時間はかかるが、距離減衰と地盤増幅を同時に考慮することができる。

11.4　建物内部の伝搬経路の予測と同定

(1) 建物内部の伝達関数

建物内部の伝搬経路に関する伝達関数は、揺れが大きな地震時と微小振動を扱う環境振動では異なる。一般に、伝達関数は最大振幅の振動数と減衰比に応じてその形状が変化する。地震時のように揺れが大きな場合は、**構造材**の揺れが卓越し、**非構造材**の揺れは二次的な影響とみなすことができる。しかし、環境振動では揺れが小さいため、構造材と非構造材は一体となって揺れ、剛性も非構造材の寄与が大きくなり、地震時に比べて最大振幅の**振動数**は高振動数側にシフトする傾向がある。**減衰比**は一般に**振幅依存性**が強いため、振幅が大きな地震時に比べると、環境振動では減衰比の値は小さくなる。このため、建物内部の振動伝搬を適切に再現するには、環境振動と同程度の小さな揺れにおける最大振幅の振動数と減衰比を用いる必要がある。

しかし、建物内部の伝搬経路に関する伝達関数を決定するための**データベース**の構築も遅々として進んでいない。その理由としては以下のような点があげられる。

1) 建物は工業製品と異なり一品生産の趣が強く、ある建物のデータを記録して残しておいても、必ずしも他の建物に有効な情報とはならない。

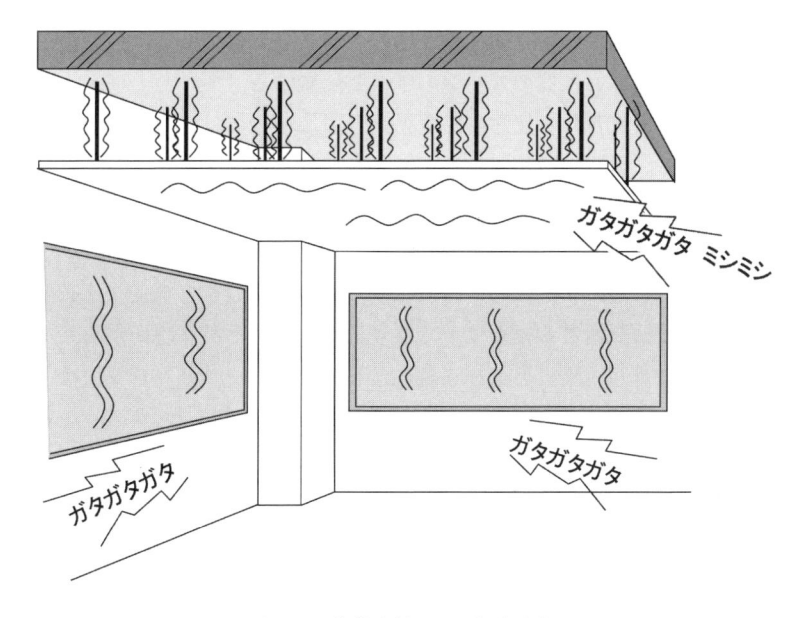

図11-6 非構造材による振動障害

2) データを公表すると、建物の資産価値を低下させるかもしれないという懸念から、外部に公表することを控える傾向が強い。
3) データを外部に公表しても何の見返りもなく、データ公表によるメリットがない。

しかし、構造材と非構造材の振動が合成され複雑な振動性状を示す環境振動においては、**図11-6**に見るような非構造材の寄与を適切に再現しうる数学モデルの構築が必要になる。これまで建物内部の振動伝搬を再現するために使われてきたのは、揺れの大きな地震動に対して構造材のみを対象とする**数学モデル**である。

(2) 建物の鉛直振動の数学モデル

建物の**鉛直振動**の予測が必要になるのは、工場、建設工事、交通振動などの外部振動源、あるいは歩行や跳躍、設備機器などの内部振動源に対する床の鉛直振動を推定したい時である。外部振動源で発生した振動は、基礎から建物に入り、柱、壁、梁などを経て対象床へと伝搬する。内部振動源の場合は、機器

あるいは人による加振により**床振動**が励起され、場合によっては柱、壁、梁などを経て他の階あるいは他のスパンの床へと伝搬する。

多数の部材で構成される建物の鉛直振動を予測するには、一般に数値解析モデルが用られる。建物の数値解析モデルとしては、**有限要素法**と**レーリーリッツ法**を用いることが多い。有限要素法は、複雑な架構形式や任意の床形状に対応でき使用上の自由度が高い。しかし、環境振動は地震動に比べると高振動数成分に着目することになるため、離散化する時の要素分割を細くする必要があり、建物全体では要素数が極めて多くなり計算コストと計算時間が膨大なものとなる。これに対し、平板と梁を連続体として扱うレーリーリッツ法は、離散化のプロセスがなくなりコストと時間を大幅に節約できるという利点がある。しかし、単純な形態しか扱えず、部材間の接合は完全固定であることを仮定するなど制約条件もある。

(3) 建物の水平振動の数学モデル

建物の**水平振動**の予測が必要になるのは、風、遠地地震、波などの長周期（低振動数）入力、あるいは中小の近地地震や交通振動などの短周期（高振動数）入力に対する床の水平振動を推定したい場合である。床の面内剛性はきわめて大きいため、**多質点系モデル**を用いて各層の応答を算定し、当該層に属する床の応答は同じになると見なすことが多い。特にスパンごとの床応答の違いが大きくなると予想される場合は**フレームモデル**を用いる必要がある。

(4) 梁振動の数学モデル

梁の応答は、梁に入ってきた振動の**卓越振動数**と梁の**固有振動数**が近づくと大きく増幅し、梁が支持する床の応答に大きな影響を与える。このため、梁の固有振動数を推定しておくことは重要である。**梁理論**に基づき導かれる固有円振動数は次式で与えられる。

$$\omega_n = \frac{\lambda_n^2}{l^2}\sqrt{\frac{EIg}{A\gamma}} \tag{11.3}$$

ここに、l は梁の長さ、E はヤング係数、I は断面2次モーメント、g は重力加速度、A は断面積、γ は単位体積重量、λ_n は**境界条件**に依存する係数、n は**モード次数**である。梁の固有振動数と**減衰比**が求まれば、梁の**伝達関数**が決

定し、梁の応答を算定することができる。

(5) 床振動の数学モデル

床の応答は、床に入ってきた振動の**卓越振動数**と床の**固有振動数**が近づくと大きく増幅する。**平板理論**に基づき導かれる矩形平板の固有円振動数は次式で与えられる。

$$\omega_{mn} = \frac{\lambda_{mn}}{a^2}\sqrt{\frac{D}{\mu}} = \frac{\lambda_{mn}}{a^2}\sqrt{\frac{Eh^2g}{12(1-\nu^2)\gamma}} \qquad (11.4)$$

ここに、a は短辺方向長さ、D は曲げ剛性、E はヤング係数、h は厚さ、g は重力加速度、ν はポアソン比、γ は単位体積重量、λ_{mn} は**境界条件**と辺長比に依存する係数、m と n はそれぞれ短辺方向と長辺方向の**モード次数**である。床の固有振動数と**減衰比**が求まれば、床の**伝達関数**が決定し、床の応答値を算定することができる。

11.5 予測・同定における今後の課題

振動の**予測・同定**においては、**数学モデル**の構築と**物理パラメータ**の決定が中心課題となる。どのような数学モデルが適切かの判断には、対象とする問題に対する深い理解力が要求される。物理パラメータの決定には、実現象の計測に基づく同定が最も好ましい方法である。**予測シミュレーション**は同定により推定された物理パラメータを用いて行うことが望ましい。しかし、これから建設される新築建物のように、まだ机上での設計段階にあり、当該建物に対して計測に基づく同定を行うことができない場合もある。このような場合でも、他の既存建物に対して物理パラメータを同定し、それらを用いて既存建物の予測シミュレーションを実施し、実測結果と比較して数学モデルと物理パラメータの妥当性を検証した上で、新築建物の予測シミュレーションを実施すべきである。しかし、既往の予測シミュレーションの中には、このような手順をとらず、根拠のはっきりしない物理パラメータを用い、計測結果に合うようにパラメータ値を便宜的に調整して、シミュレーションの結果と実現象が良く合っていると説明する例も見受けられる。同定の裏付けのない予測は信頼できないといっても過言ではない。特に、構造材だけでなく非構造材の寄与が大きくなる環境

振動においては、同定のプロセスはきわめて重要である。環境振動においては、予測シミュレーション（**順問題**）への関心は高いが、同定（**逆問題**）の重要性に対する認識はまだ十分とは言えないのが現状である。今後は、予測と同定が相互補完するような形で問題解決を図っていくことが望まれる。そのためにも、**データベース**の構築を果たすことが環境振動部門における急務であり悲願でもある。

参考文献

1) 北村泰寿：シミュレーションとモデル化、第28回環振資料、pp.3-12、2010
2) 塩田正純：公害振動の予測手法、井上書院、1986
3) 西村忠典：地盤振動問題に関するシミュレーション解析事例、第29回環振資料、pp.29-34、2011
4) 増田圭司：歩行振動による床振動の予測、第28回環振資料、pp.37-42、2010
5) 小野佳之：流体計算による構造物の風揺れ居住性評価、第28回環振資料、pp.31-36、2010
6) 川満逸雄：工場振動対策に対する解析・対策事例、第28回環振資料、pp.13-18、2010
7) 石橋敏久：工事振動に対する地盤―基礎―建物一体モデルによる解析、pp.19-24、2010
8) 高野真一郎：工事振動の予測手法、音響技術、Vol.155（Vol.40、No.3）、pp.48-51、2011
9) 成田信之：道路交通振動の予測法について、第1回環振資料、pp.9-12、1983
10) 鈴木健司：鉄道による地盤・構造物振動の予測、第28回環振資料、pp.25-30、2010

12章 事前対策と事後対策

　環境振動に関わる対策は、新築建物に対する事前対策と既存建物に対する事後対策に分けられる（図12-1）。同図中Ⅰ．に見るように事前対策は振動予測に基づき建設前の設計段階で考慮され、同Ⅱ．の事後対策は苦情に対応して建設後の使用段階で検討される。建物の中での振動を体感する前と後との違いはあるが、実際に適用される対策手段は異なるものではない。建設時点での初期コストの大きさから、ともすると事前対策が割愛される傾向にあるが、事後の作業困難性、実施効果、及び経済性などを考慮すれば可能な限り事前対策を心がけるべきである。対策を実施する場所は、振動源、伝搬経路、対象点のいずれか、あるいはその組み合わせになる[1~6]。多くの事象が「元を絶つ」の原則に則るように、基本は振動源における対策を行うことである。しかし、周辺の建物が揺れていないのに、共振によって当該建物だけが揺れているような場合は、対象点側で対策を行うことになる。一般に、何らかの処置を講じて対象点の振動を除去あるいは低減させることを防振対策という。

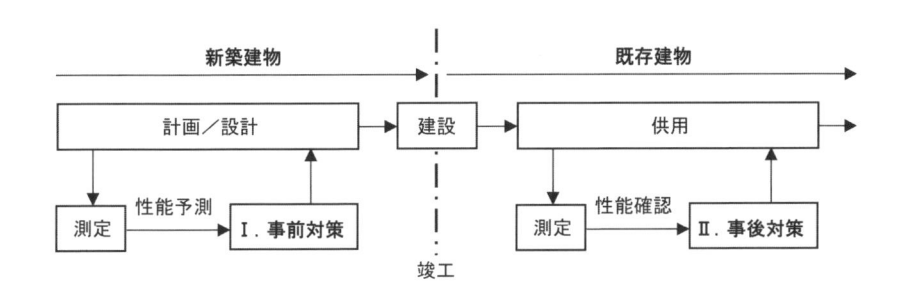

図12-1　計測に基づく事前対策と事後対策

12.1　機械・設備の振動低減

　建物内部には、6.2(2)で示したように、機器・配管系が人体の毛細血管のように張り巡らされており、静粛な空間を提供するために機械振動をいかに低減するかは重要な検討課題である[7~9]。機械や設備機器から発生する振動を低

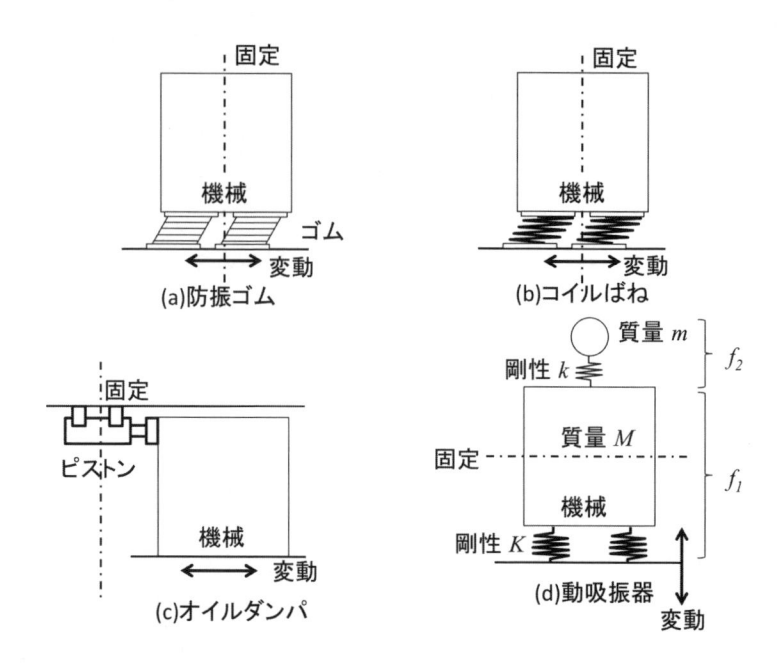

図12-2　建物内の機械・設備振動の低減対策

減するために以下のような方法が用いられる（図12-2）。

(1) 防振ゴム（同図(a)）

　ゴム系材質としての弾性効果を利用するために、金属板に天然ゴムや合成ゴムを接着させ、これらを一重から幾重かに積層させた構造になっている。この**防振ゴム**を機械の下に設置することにより、機械の加振振動数と機械・防振ゴム系の固有振動数の比を大きくし、共振領域からはずして振動を低減させる。一つの防振ゴムで水平全方向の並進成分と回転成分のばね定数を調整できる。

(2) 金属ばね

　金属ばねは、主に金属の形態による弾性を利用する方法である。よく利用されるものにコイルばね、重ね板ばね、皿ばねがある。コイルばね（**同図(b)**）は、らせん状に成形されたばねで最もよく用いられている。重ね板ばねは、板ばねを数枚積み重ねたもので荷重方向にのみばね効果がある。ばねがたわむ時の板

間摩擦力の減衰効果も期待している。皿ばねは、中央に孔のあいた円板を円錐形に成形したもので、上下同方向あるいは上下逆方向に組み合せて使用する。

(3) 空気ばね
空気ばねは、空気の弾性を利用するために補強材を内蔵したゴム膜に空気を封入したもので、金属ばねに比べてはるかに柔らかいばねになる。ゴム膜の形状の異なるベローズ形とダイヤフラム形がある。

(4) オイルダンパ（同図(c)）
オイルダンパは、シリンダー内に満たされたオイルの中でピストンを運動させることにより、運動エネルギーを熱エネルギーに変換して振動を減衰する。

(5) 基礎質量
機械基礎の質量を増減させることにより共振を避ける。機械—基礎系の固有振動数が加振振動数より小さい時は基礎質量を大きくし、加振振動数より大きい時は基礎質量を小さくする。ただし、機械—基礎系が共振状態でなければ大きな効果は期待できない。

(6) 動吸収器（同図(d)）
動吸収器は、ダイナミックアブソーバとも呼ばれ、幾分複雑な構成になっている。質量 M 、剛性 K の系の固有振動数を f_1 とした時、$f_2 = f_1$ となるように固有振動数 f_2 の質量 m 、剛性 k の系を付加すると $M-K$ 系の固有振動数における応答は0になる。すなわち、$M-K$ 系に作用する加振力を $m-k$ 系からの逆位相の応答により相殺する。$M-K$ 系の固有振動数における応答は0になるが、その代わり2自由度系のため別の2つの固有振動数が生じる。このため、加振力の振動数が単一の場合は有効であるが、広帯域の加振力に対しては効果が減じる。この時、減衰を有する $m-c-k$ 系を付加した**減衰動吸収器**を用いると、$M-K$ 系の固有振動数における応答を完全に0にすることはできない代わりに、2つの固有振動数での応答を大幅に低減することができる。ここに、c は減衰を示す係数である（**2.1**参照）。

12.2 地盤の振動低減

外部振動源から地盤を伝搬して建物に至る振動を低減するために、図12-3のような方法が用いられている[10〜21]。

(1) 地盤改良（同図(a)）

揺れやすい**軟弱地盤**を硬くする方法が**地盤改良**である。古くはヴェニスの木杭のように、杭を何本も軟弱地盤に打ち込んで締め固める方法が使われていた。最近では、薬液を注入して地盤を硬化させる方法がある。

(2) 防振溝（同図(b)）

振動の伝搬経路となる地盤中に溝を掘削して振動を低減する。この**防振溝**の有効性は、振動の波長 λ と溝の深さ H の比に依存する。溝により振動を半減するのに必要な溝深さ H は波長 λ の1/2〜2倍程度である。振動源の周囲に溝を掘って高振動数成分（おもに**粗密波**と**せん断波**）を遮断する場合と、受振

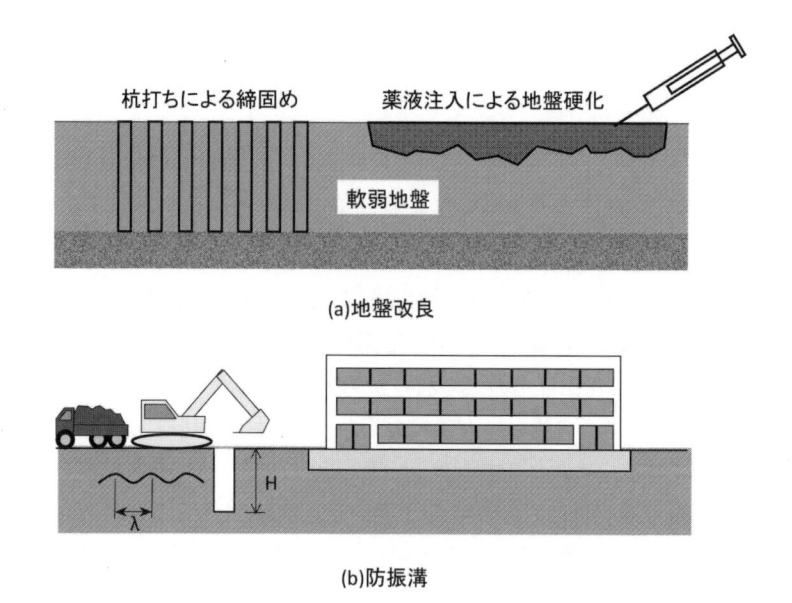

図12-3 伝搬経路としての地盤振動の低減対策

側の近くで主に**レーリー波**の低振動数成分を遮断する場合がある。振動源側の溝に対しては有効であるが、受振側の溝の場合、波の回折現象により効果はあまり期待できない。

(3) 地中壁・防振柱列

振動の伝搬経路となる地盤中に連続的な壁を造って振動を低減する。地盤の密度を ρ_1、伝搬速度を V_1、壁材料の密度を ρ_2、伝搬速度を V_2 とした時、$\alpha = \rho_1 V_1 / \rho_2 V_2$ を**インピーダンス比**という。インピーダンス比 α が1に近いと、振動はほとんど透過することを意味する。α が大きくても小さくても1から離れるほど振動の遮断効果は大きくなる。このため、壁材料として、コンクリートのように剛性の大きい材料を用いることもあれば、合成樹脂発泡材のように剛性の小さな材料を用いることもある。**地中壁**は連続的に打設される場合もあれば、離散的に**防振柱列**を配置する場合もある。離散的に配置する後者の場合、適切に孔径と孔間隔を決定することが重要である。単一列柱より二重列柱の方が効果は大きくなる。

12.3　建物の振動低減

建物に入力される振動を遮断したり、建物に入ってきた振動エネルギーを建物内部で散逸させたりすることにより振動低減を図る方法として**制振**や**免振**がある[22〜24]。

(1) 高層建築の制振装置

風による**高層建築物**の**長周期水平振動**を低減するには、**図12-4**のような大規模な制振装置が用いられる。

(a) チューンドマスダンパ（同図(a)）

チューンドマスダンパは、外部からのエネルギーを供給することなく振動を低減するパッシブ型の制振装置である[25, 26]。機械振動の低減で記した**動吸収器**を建物の最上階に設置したものである。建物の固有振動数と同じ固有振動数を持つ質点系を付加して、建物の慣性力を質点系の慣性力で打ち消す。質量を大きくするほど振動低減効果は大きくなるが、質量が増えると建物構造部材の断

(a)チューンドマスダンパ（TMD）　(b)アクティブマスダンパ（AMD）　(c)スロッシングダンパ（TLD）

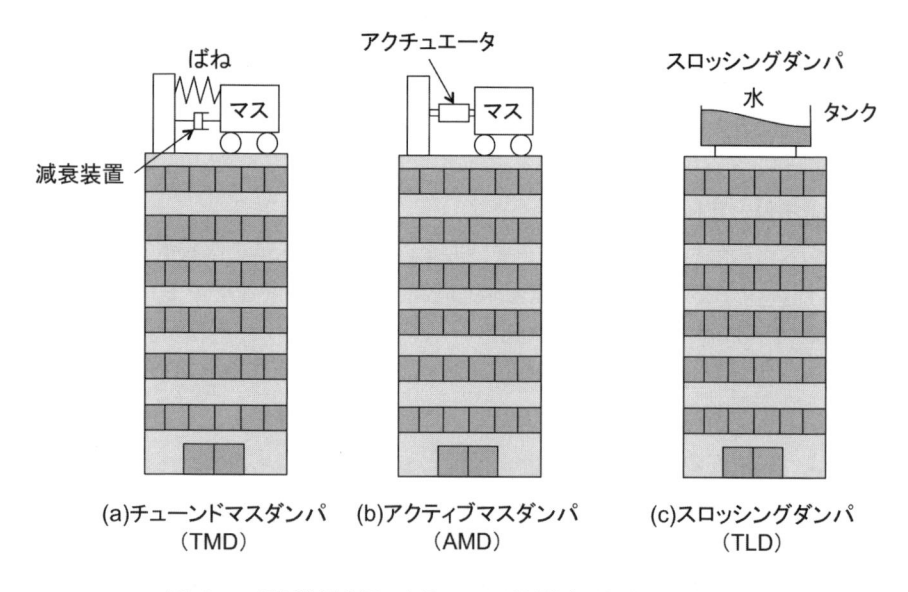

図12-4　制振装置を用いた風による長周期水平振動の低減対策

面を大きくする必要が生じ不経済になる。ペンシルビルや3階建て木造建築の風や交通振動による横揺れに対しても小規模な制振装置が用いられる。

(b) アクティブマスダンパ（同図(b)）

　アクティブマスダンパは、外部からエネルギーを供給することにより振動を低減するアクティブ型の制振装置である。M–K系（建物）の振動をセンサにより検出し、M–K系の振動と逆位相の加振力を**アクチュエータ**により加える[27, 28]。

(c) スロッシングダンパ（同図(c)）

　スロッシングダンパの原理はチューンドマスダンパと同じである。建物の最上部に水を入れたタンクを設置し、水の揺れ（スロッシング）の固有振動数と建物の固有振動数が一致するように設定する。水は建物と常に反対方向に動いて加振力を相殺し建物の横揺れを低減する。

(2) 免振装置

　耐震分野では、建物基礎に積層ゴムを使った免震装置を配置する**基礎免震**や

中間階に免震装置を配置する**中間層免震**が広く普及している[29]。最近では環境振動に対する**免振装置**も積極的に用いられるようになっている。

(a) 基礎免振

建物の基礎と上部構造の間に免振ゴムや免振ばねを挿入して地下鉄振動などの基礎からの振動入力を低減する方法が**基礎免振**である。

(b) 床免振

建物の床の上面もしくは下面に床免振装置を設置して床振動を低減し、建物内の特定の階に置かれたコンピュータや精密機器の機能性を維持する。二重床（フリーアクセスフロア）となる場合、床下の空間を電気配線等に利用することができる。

(c) 吊り免振

大型架構から床あるいは構造ユニットを吊り下げ、長周期化により**水平振動**を低減する方法が**吊り免振**である。**鉛直振動**は防振ゴムや防振ばねを介して低減する。図12-5に見るように、高架鉄道の架構の下に吊り免振を適用することにより、静穏な環境が要求されるホテルを建設した例がある[30]。

(d) 浮き免振

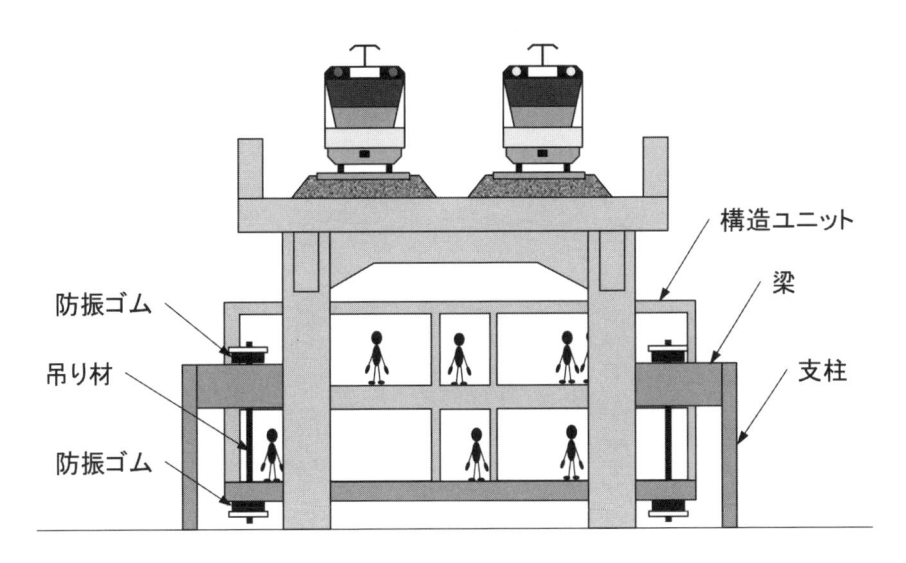

図12-5　吊り免振による鉄道振動の低減対策

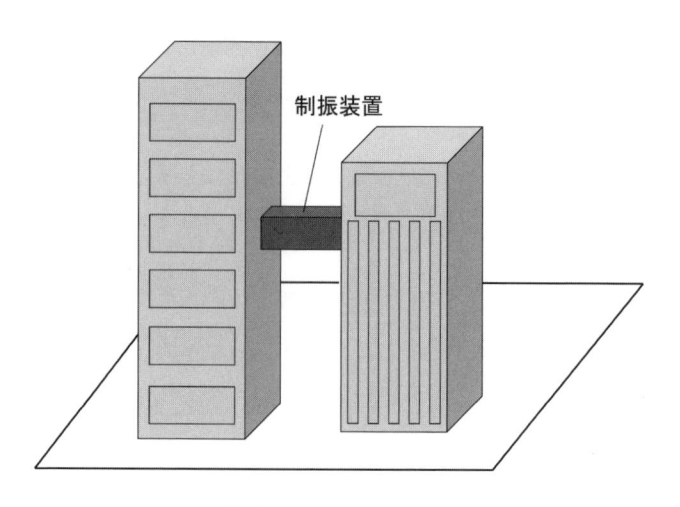

図12-6　連結制振による風揺れの低減対策

　コイルばねなどで振動源の載る床を浮かし、建物躯体への振動入力を低減する方法が**浮き免振**である。鉄道軌道に浮き免振を適用することにより、駅舎の上に嫌振機器を有する病院を建設した例がある。

(3) 連結制振

　連結制振とは、複数の建物を制振装置により連結し、建物相互の相対運動を利用して振動エネルギーを吸収する方法である。地震動に対する連結制震の採用例は比較的多いが、**図12-6**のように、風揺れを抑えるために隣接建物間を連結した高層オフィスビル群も建設されている[31]。

12.4　床振動の低減

　建物内部で床の鉛直振動を低減するには、部分的な**構造変更**を行うか、変更は行わずダンパにより振動エネルギーを吸収する方法が用いられる（**図12-7**）。

(1) 床剛性

　床剛性が小さいために床の鉛直振動が大きくなる場合は、小梁の増設や床へ

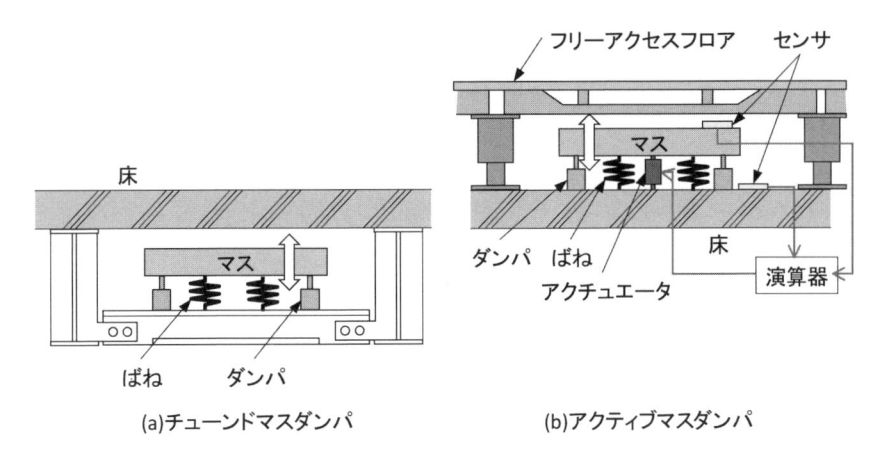

図12-7　制振装置を用いた床鉛直振動の低減対策

(a)チューンドマスダンパ　　(b)アクティブマスダンパ

のコンクリート増し打ちにより床剛性を上げることが考えられる。しかし、この方法では床重量も増加することになり、建物の構造に負担が掛かることになる。床重量を増やさずに床剛性を増やすには、ボイドスラブやワッフルスラブの採用が考えられる（8.3(1)　参照）。

(2) チューンドマスダンパ

　機構原理は12.3(1)(a)と同じであるが、先に示した水平振動に対する**チューンドマスダンパを鉛直振動に対して利くようにした装置である**[32]。梁あるいは床の固有振動数と同じ固有振動数を有する質点系を付加することにより、共振時における床の鉛直振動を低減するために用いる。

12.5　振動対策の今後の課題

　建物内部で不愉快な振動が発生し、それが容認限度を超えるようになると、振動を低減するための対策が必要になる。対策がとられる場所は、振動源、伝搬経路、対象点のいずれか、あるいはその組み合わせである。**振動規制法**は、敷地境界での振動が許容限度を超えた時に、周辺に公害振動が伝搬するのを防

止することを目的に、振動源側を規制する法律である。伝搬経路上の対策は、大きな工場のように、広い敷地がないと効果が出にくいため実施例は限られる。振動対策が最も頻繁に行われるのは対象点、すなわち振動を受ける建物であり、個別対応というのが現状である。

建物における振動対策は、対策を施す場所の観点から、建物そのものに対する対策と建物を支持する地盤の対策に分けられる。また、対策を施す時期の観点から、竣工前の**事前対策**と竣工後の**事後対策**に分けられることは先に整理した通りである。しかし、地盤に関しては事前対策しか有り得ないが、建物に関しては事前対策も事後対策も可能である。事前対策では、スパンの決定や部屋の適切配置など、不愉快な振動を防止するための基本的な対策を立てることができる。一方、事後対策では、既存の床の増し打ちを行うか小梁を増設するなど、振動を低減するための限定された対策しか行えない。また、ある場所の振動は抑えることができても、別の場所では振動が逆に増幅するなど十分な効果が得られないこともある。したがって、対策の基本は再度の言及であるが事前対策を心掛けることである。

地震動を低減するために開発された免震システムや制震システムが、環境振動に対する免振システムや制振システムとして積極的に利用されるようになっている。設計時には想定できなかった床振動を低減するために用いられることが多いが、もっと積極的な利用法も見られる。すでに述べたように、免振システムを使って高架鉄道の下部空間であっても睡眠を妨げないホテルとして利用する事例や、制振システムを使って鉄道軌道の上部空間に嫌振機器を多く収容する病院を建設する事例など、振動刺激が大きな環境下でも効果的な振動低減を図ることが可能になっている。このような技術は特に高密度に振動源と対象点が分布する都市部においてその効用が大きく、こうした方向を指向することも環境振動の眼目の一つである。

参考文献
1) 日本建築学会：環境振動問題に対する対策検討事例集、第26回環振資料付録、2008
2) 増田圭司：環境振動問題に対する対策技術と対策事例、音響技術、No.155（Vol.40、No.3）、pp.43-47、2011

3) 寺村彰：振動の発生源、受振点対策、騒音制御、Vol.35、No.2、pp.160-165、2011
4) 早川清：振動の伝搬経路対策、騒音制御、Vol.35、No.2、pp.153-159、2011
5) 石橋敏久：建築物の環境振動対策方法と効果、第23回環振資料、pp.27-34、2005
6) 小島由紀夫：鉄骨系工業化住宅の環境振動対策事例、第23回環振資料、pp.35-38、2005
7) 安藤啓：ダクト系の対応事例、建築技術、No.658、pp.152-153、2004
8) 平松友孝：配管系の対応事例、建築技術、No.658、pp.154-155、2004
9) 綿谷重規：建築設備の防振設計例、建築技術、No.658、pp.156-159、2004
10) 高野真一郎：地盤調査と環境振動、第27回環振資料、pp.39-44、2009
11) 小谷朋央貴：空溝の地盤振動低減効果、音響技術、No.155（Vol.40、No.3）、pp.56-60、2011
12) 武宮宏和：地盤伝搬過程での対策事例―WIB工法、建築技術、No.658、pp.128-131、2004
13) 益田勲：道路振動への対応事例、建築技術、No.658、pp.142-145、2004
14) 中田伸治：3階建住宅での対応事例、建築技術、No.658、pp.160-161、2004
15) 大熊勝壽：新幹線沿線建物の防振工法について、第1回環振資料、pp.19-23、1983
16) 風巻友治：地下鉄における防振工法、第1回環振資料、pp.25-33、1983
17) 古田勝：鉄道振動への対応事例、建築技術、No.658、pp.146-147、2004
18) 原文人：在来線への対応事例、建築技術、No.658、pp.148-149、2004
19) 芦谷公稔：新幹線への対応事例、建築技術、No.658、pp.150-151、2004
20) 河村政美：設計監理の立場から建設作業振動を考える、第2回環振資料、pp.15-18、1984
21) 水野二十一：建設工事環境改善について、第2回環振資料、pp.15-18、1984
22) 北村春幸：風制振の動向、第20回環振資料、日本建築学会、pp.55-58、2002
23) 長島一郎：構造制御と環境振動、第27回環振資料、pp.35-38、2009
24) 三橋建：免振・制振の効果と性能表示、日本建築学会大会環境工学部門PD資料、pp17-20、2004
25) 田中欣章ほか：制振装置による対応事例、建築技術、No.658、pp.132-133、2004
26) 石田剛彦：制振装置による環境振動対策、音響技術、No.155（Vol.40、No.3）、pp.52-55、2011
27) 長島一郎：アクティブマスダンパによる制震対策事例―新築建物の風対策、建築技術、No.658、pp.138-139、2004
28) 奥田浩文ほか：アクティブマスダンパによる制震対策事例―既存建物の風対策、建築技術、No.658、pp.140-141、2004
29) 和泉正哲：免震構造と環境振動、第6回環振資料、pp.21-26、1988
30) 大迫勝彦：吊り免振工法を用いた鉄道高架下ホテル、第24回環振資料、pp.27-32、2006
31) 浅野美次：超高層ビルの制振による「ゆれ」対策の最近の事例、第24回環振資料、pp.39-42、2006
32) 田中靖彦：エアロビクスに伴う床振動への対応事例、建築技術、No.658、pp.134-135、2004

13章 環境振動の性能設計

　設計実務において環境振動はどのような位置づけにあるのだろうか。環境振動は環境工学と構造工学の境界に成立している分野である。評価する立場から見ると、振動源→伝搬経路→対象点の系を振動理論に基づき扱う構造工学的な前段と、居住性能の主観的評価を含む環境工学的な後段からなる順問題である。

　一方、設計する立場から見ると、居住性能の設定という環境工学的な前段と、振動源→伝搬経路→対象点の系における事前・事後対策を扱う構造工学的な後段からなる逆問題である。ここでは、軸足を構造工学的な視点へとシフトさせて、環境振動に関する設計の進め方について考える[1]。

13.1　構造設計と性能設計

　建物内部の**環境振動**を容認レベル以下に維持する方法は**構造設計**を通じて検討される[2～4]。**図13-1**は構造設計の一般的フローと環境振動の関わりを示している。上段Ⅰに構造設計の流れを示し、下段Ⅱに環境振動に関わる流れを対応づけてまとめている。構造設計では、まず個々の構造部材の断面を仮定して構造システム全体の初期設計を行う。次に想定される荷重、すなわち**設計荷重**を構造システムに作用させて、各部位における応答（変位、加速度、応力、ひずみ等）を算定する。この応答を対応する**設計規範**と比較し、応答が**許容値**以下になっていることを確認する。この時、応答が許容値を超えていれば初期設計の変更を行う。応答が許容値以下であっても、その差が大きすぎる場合は**過剰設計（不経済設計）**となるので、やはり初期設計を変更する。このようなプロセスを繰り返し、最適な構造システムとなったところで最終設計とする。したがって、構造設計を行うための必要情報は、構造システムへの入力となる設計荷重と構造システムからの出力を照査する設計規範ということになる。

　この設計荷重と設計規範の関係を、すでに**性能設計**としての体系が確立している**耐震設計**の場合について**図13-2**に示す。縦軸に設計荷重を上から下に向けて荷重が大きくなるように、横軸に躯体の許容損傷状態を左から右に向けて損傷が激しくなるように取ると、設計荷重と**許容損傷状態**を関係付けるマトリ

図13-1　構造設計（Ⅰ）と居住性評価（Ⅱ）のフロー対応

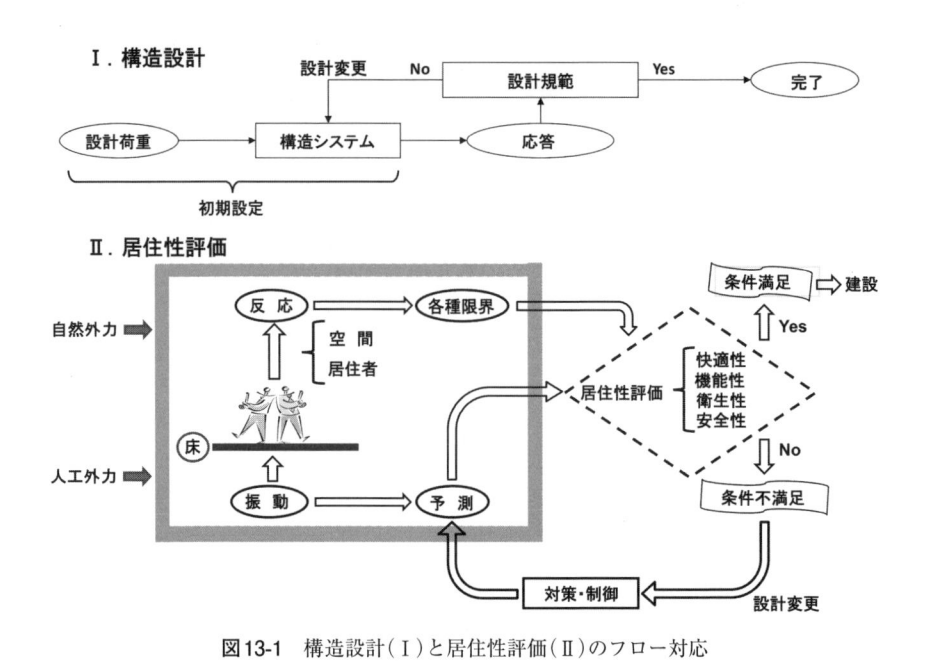

クスが形成される。このマトリクスを耐震**要求性能マトリクス**と呼ぶことにする。**再現期間**が長い地震は想定される設計荷重が大きくなることから、ここでは設計荷重の大きさを再現期間によって5段階に区分した。一方、許容損傷状態を無損傷、小破、中破、大破、崩壊寸前の5段階で示した。右上のグレーゾーンは設計的に意味のない領域である。マトリクスの白抜き部分に左上から右下に向けて①〜⑤の5本の斜線が描かれている。例えば、①は地震の再現期間が10年の場合は無損傷、100年の場合は中破を**許容**、1000年になると崩壊寸前までを許容（ただし崩壊は許さない）することを示しており、現行の建築基準法が要求する**最低必要条件**に対応する性能である。それに対し、⑤になると、どんな巨大な地震が来ても建物には損傷を許さない、いわゆる「震度7に対する弾性設計」の範囲で、高強度素材と免震・制震技術を用いた最高レベルの**耐震性能**に相当する。このように、①〜⑤の斜線は、耐震性能レベルが最低限必要、やや安全、ほぼ安全、かなり安全、十分安全の順に並んでいることになる。もちろん、数値が大きい高位のレベルほど**必要経費**はかかる。**安全性**と必要経費

損傷状態

| | 無損傷 | 小破 | 中破 | 大破 | 崩壊寸前 |

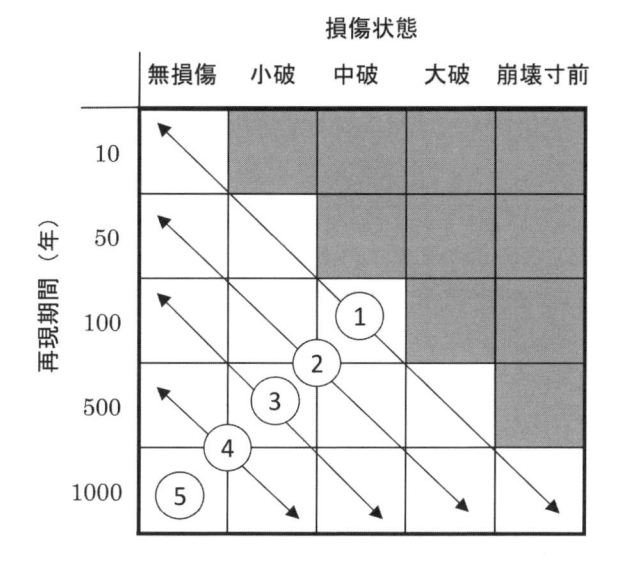

再現期間（年）: 10, 50, 100, 500, 1000

要求性能レベル：①必要最小限　②やや安全　③ほぼ安全
　　　　　　　④かなり安全　⑤十分安全

図13-2　耐震要求性能マトリクス

のトレードオフを勘案して、建築主と設計者の合意の下で**耐震性能レベル**①～⑤のうちどれを選ぶかを決定するのが耐震分野の性能設計である。

　環境振動の性能設計も、入力レベルは異なるものの同じ文脈で考えることができる。**図13-3**に示すように、縦軸に**振動刺激**を上から下に向けて刺激が大きくなるように、横軸に人体の**容認振動感覚**を左から右に向けて振動を強く感じるように取ると、振動刺激と容認振動感覚とを関係付ける環境振動**要求性能マトリクス**が構築できる。振動刺激の大きさを5段階、容認振動感覚を5段階に分けた場合、このマトリクスの①～⑤の5本の斜線は環境振動に関する要求性能レベル（最低限必要、やや**容認**、ほぼ容認、かなり容認、十分容認）に対応している。こちらの場合も同じく数値の大きい方が高性能に対応することになり、建築主と設計者の合意の下でこの①～⑤の要求性能レベルとしてどれを選ぶかを決定するのが環境振動の性能設計である。

人体反応レベル
小　中　大

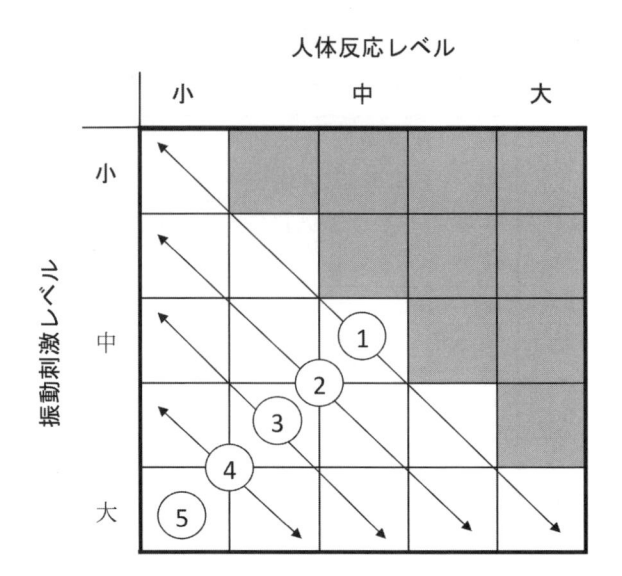

振動刺激レベル
小
中
大

要求性能レベル ①必要最小限 ②やや容認 ③ほぼ容認
④かなり容認 ⑤十分容認

図13-3　環境振動要求性能マトリクス

　しかし、性能設計としての枠組は同じでも、環境振動設計と耐震設計には大きな違いがある。それは、耐震設計が地震という自然現象だけを対象とするのに対して、環境振動は様々な**人工振動源**と**自然振動源**から生じる振動を対象にするという振動源の多様性に由来している。この振動源の多様性は、建物までの伝搬経路として地盤だけでなく空気や水も含む複雑さ、建物の**全体振動**だけでなく**局部振動**を詳細に検討する精密さ、さらには振動を感知する人間反応のあいまいさを、環境振動設計の中でいかに受け止めて処理すべきかというきわめて難しい問題を投げかけている。

13.2　「評価指針」と「設計指針」

　「居住性能評価指針」の前（1st）指針から現（2nd）指針への移行は、10年

以上の歳月を経て新たな知見やデータが蓄積され、それらを反映した指針作りが社会的要求としてあったことに加え、**建築基準法**が**仕様設計**から**性能設計**へと変化したという外的要因にも呼応している[5, 6]。しかし、前指針が仕様設計の時代の指針、現指針が性能設計の時代の指針と単純に考えるべきではない。すでに前指針の段階で、日常の**快適性**の確保という観点から**恕限度**ではなく性能評価曲線を提示するという方針を打ち出していることや、可能な限り建築主と設計者との自由な判断にゆだねて両者の認識の下に設計条件を設定すべきであるという基本姿勢をとっていることは、現在の性能設計の流れをいち早く汲み取っていたといえる。すなわち、「居住性能評価指針」は前指針と現指針を通じて常に性能設計を目指してきたのである。

　建物の構造設計において、環境振動に関する性能を確保するための検討は、ほかの様々な検討項目と独立に行われるわけではない。わが国の場合、全ての建物の構造設計には**耐震設計**というメインストリームがあり、高層建築物や大スパン建築物になるとさらに**耐風設計**も重要になる。このように、地震や暴風に対する建築物の**構造安全性**をまず確保した上で、環境振動に関する**居住性**を確保するというのが通常の流れである。この流れの中で環境振動の性能を確保するには、建築物の構造設計における様々な検討項目が相互に繋がっていることを念頭に置かなければならない。すなわち、環境振動の「設計指針」は、環境振動だけで「閉じた指針」に留めないで、耐震設計や耐風設計との連続性を意識した「開かれた指針」を目指す必要がある。

　「居住性能評価指針」は、前指針と現指針を通じて「評価指針」と「設計指針」の両方の役割を担ってきたと見ることができる。このことは、「居住性能評価指針」の良い点でもあり悪い点でもある。今後、「居住性能評価指針」を従来どおり、「評価指針」と「設計指針」の二役を担わせるのか、あるいはISOが「評価指針」をISO 2631シリーズとしてまとめ、「設計指針」を別立てでISO10137としているように、分離独立させる方向に進むべきなのかは議論の余地がある（**10.2**参照）。

13.3　要求性能の決定

　性能設計では、まず**要求性能**を決定するところから設計が始まる。要求性能

の決定主体は建築主である。建築主が要求性能を決定する際、構造設計者は技術的助言を与える役割を担うことになる。

(1) 居住性確保と必要経費

建築主は**居住性**の確保と対策のための**必要経費**を秤にかけて要求性能を決定する。耐震設計において、安全性を追求するほど必要経費が膨らむ傾向があるように、環境振動においても居住性を重視するほど必用経費が嵩む傾向が見られる。居住性を重視し過ぎると経費が軽視できなくなる。しかし、金銭（節約）面を抑え過ぎると、不快な振動を容認せざるを得ないことにもなりかねない。経費の見合う範囲内でできるだけ「居住性」を高めたいというのが、建築主の一般的な考えである。

必要経費は要求性能の絶対値ではなく、要求性能と振動刺激による応答との差（相対値）に依存する。振動刺激による応答が要求性能よりも小さければ、対策の必要がなく経費はかからない。振動刺激による応答が要求性能よりも大きい時のみ、対策を立てる必要があり経費がかかる。このように、経費は**周辺環境**の振動刺激に大きく依存する。郊外に比べると都市部の振動刺激は大きく経費も大きくなりやすい。利便性を重視して都心部に住むということは、居住性に相応の経費を見込む必要があることを意味している。

(2) 環境振動の要求性能

環境振動に関する居住性をどの程度まで要求するかは、居住性と経費のトレードオフにどう折り合いをつけるかにかかっている。利便性の高い都市中心部においては、環境振動の要求性能を低めに設定することは受入れられるだろう。逆に、郊外においては要求性能を高めに設定することが望まれるであろう。

しかし、実際問題として要求性能を決定することは容易ではない。それは、トレードオフの関係にある居住性と経費を同じ尺度では量れないからである。居住性に関しては、例えばアンケート調査や振動台実験を行って客観的なデータを蓄積し定量的な評価へと繋げることができる。現（2nd）指針では、**知覚確率**をパラメータとして性能評価曲線を示しているが、このような表現は居住性に関する議論に絞り込んだことにより可能になる。元来、「評価指針」の役割は建物の応答と人体の感覚量を客観的に関係付けることである。一方、「設

計指針」の役割は、対策経費とのバランスを考慮して要求性能をどのように決定するかという主観的な判断を扱うことになる。

　性能設計においては、建築主がグレードの異なる要求性能の候補の中から一つを選ぶという形で要求性能が決定される。現指針における知覚確率を用いた5つのレベルの性能評価曲線はグレードの異なる要求性能を表しているように見える。しかし、知覚確率は単に性能マトリクスの横軸のパラメータであって要求性能ではない。要求性能は、縦軸の振動刺激と横軸の人間の感覚量との組み合わせとして表現される。

(3) 個人と社会の要求性能
(a) 恕限度の設定

　恕限度とは、「人体に害を与えるような条件の限度」と定義することができる。環境振動に関する性能設計においては、建築主と設計者の合意の下で要求性能を自由に設定することができる。極論すれば、どこまでも要求性能を低くすることができることになる。しかし、環境振動の性能設計の目的は、好ましい振動環境の下で日常生活を送るためのものであって、劣悪な環境を許すようなものであってはならない。もしこのような状況を許すことになると、図13-3で示した要求性能マトリクスの設計対象外の領域であるグレーゾーンでも設計が許されることになる。このようなことを避けるには、耐震設計において1次設計では建物の損傷を許さず、2次設計では崩壊を許さないという歯止めを設けているのと同様、環境振動の設計においても容認できる上限を設定する必要がある。これは、要求性能マトリクスの横軸で、容認できる振動の感覚量の最大値をもって恕限度を設定するということに他ならない。前述した恕限度の定義からいって、「評価指針」としては恕限度という概念は馴染まないが、「設計指針」においてはむしろ恕限度の設定が要望されることになる。

(b) 個人的要求性能

　建物の環境振動に関する要求性能は、建築主によりまず言語の形で提示される。設計者は建築主の考えを聞き、建築主が満足するような要求性能を物理量として設定する。竣工した後、設計により達成された性能を建築主が満足しなければ、それは設計者の責任である。設計者が建築主の合意の下で設定した**個人的要求性能**は、建築主個人の満足度の指標であり、社会一般の要求性能とは

必ずしも一致しない。建築主が満足する要求性能を達成するには、竣工時における性能確認だけではなく、長期にわたる使用期間を通じて性能を維持するためのマン・ツー・マン的な細かなケアが必要になる。

(c) 社会的要求性能

環境振動に関する要求性能は建物の用途に応じて異なる。用途別に建物が満足すべき必要最低限の要求性能を**社会的要求性能**として提示した上で、建築主の要望に応じてそれ以上の要求性能を設定する方法が考えられる。安全性が主対象である耐震設計においては、**建築基準法**でこの必要最低限の要求性能が決められている。居住性保持が眼目である環境振動の場合は、耐震設計のような法的規制は馴染まないものの、学会等で許容値あるいは推奨値として必要最低限の要求性能を提示することはできる。この時、**図13-3**に示した**要求性能マトリクス**の①が必要最低限の要求性能として社会的要求性能と呼べるもので、これが具体的に提示されると環境振動に関わる苦情や裁判などの拠り所として位置づけられる。

13.4　環境振動の「設計指針」

次に環境振動の「設計指針」について考えてみたい。「評価指針」は建物の床応答としての振動の大きさ、振動数、暴露時間などを人体の感覚量に関係付けることにより表すことができる。これに対して、「設計指針」は建物への振動刺激を「評価指針」で与えられた人体の感覚量に関係付けることにより表すことができる。多様な振動源を対象とする環境振動の設計法を構築するために、振動源を以下のように3つのグループに分類する。

　ⅰ）**人工振動源／外部**：鉄道・道路交通、工場、建設作業など。
　ⅱ）**人工振動源／内部**：人の動作、設備機器など。
　ⅲ）**自然振動源**：風、地震、波など。

この3つのグループに対し、環境振動としての統一的な扱いに留意して、**図13-4**に示すように、人体の感覚量を横軸に、振動刺激を縦軸にとった**要求性能マトリクス**を共通フォーマットとして用いる。

各グループに対して、横軸には常に人体の感覚量をとり、縦軸の振動刺激として、ⅰ）**人工振動源／外部**の場合は敷地境界で想定される地盤加速度、ⅱ）

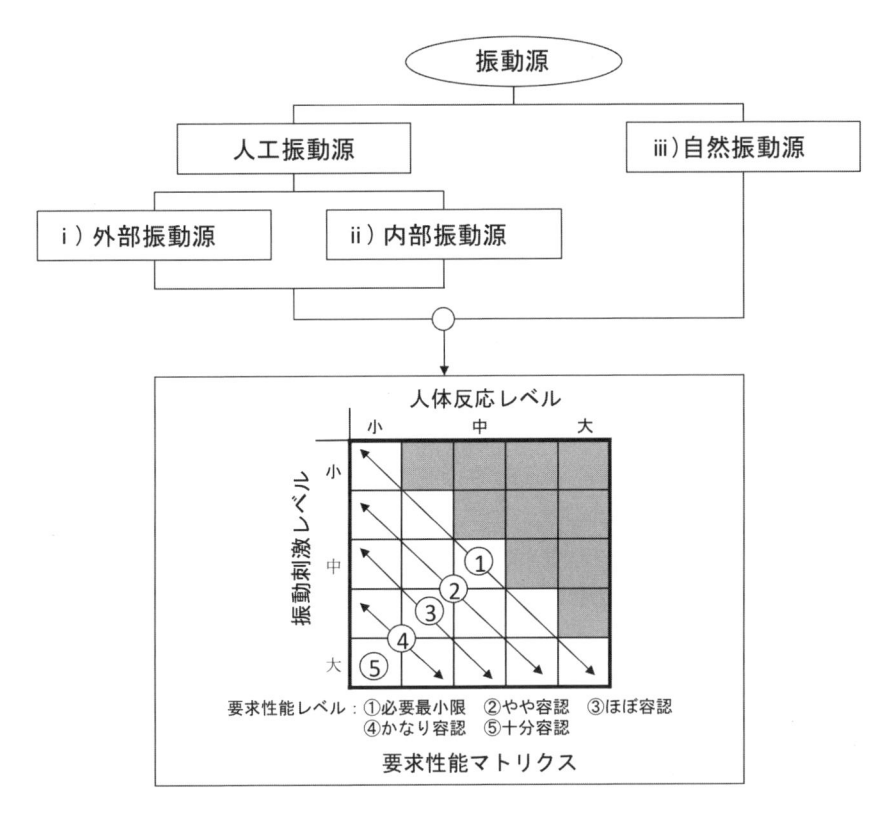

図13-4 環境振動性能設計の共通フォーマット

人工振動源/内部の場合は加振力、ⅲ) 自然振動源の場合は再現期間と読み替えることにする。この時、各グループの要求性能マトリクスは図13-5のようになる。横軸の最小値は**知覚限界**、最大値は**恕限度**である。各グループで①～⑤の要求性能のいずれかを選択することにより、環境振動に対する建築物の設計条件が定まる。振動刺激に対する人体の感覚量を**予測**し、これを要求性能に対応する**設計規範**と照査する通常の構造設計のプロセスに従って、要求性能を満足する建築物を実現することができる。環境振動の**要求性能マトリクス**を構造設計者に提示し、これに基づく設計の進め方を記述することが「設計指針」の役割である。

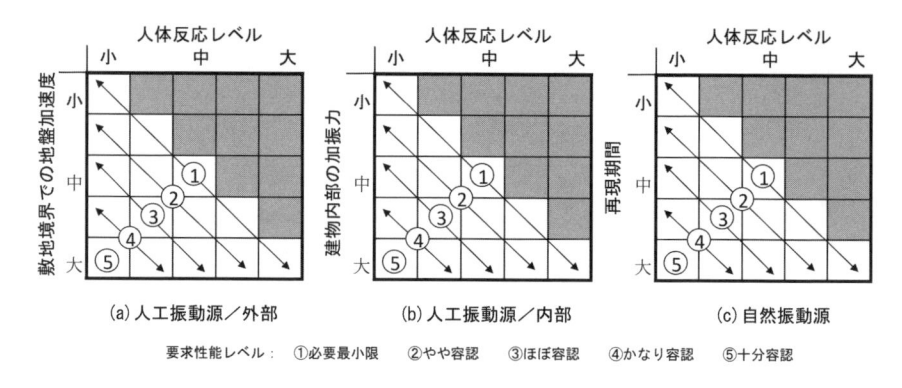

図13-5 振動源のグループ化による環境振動要求性能マトリクス

13.5 自然振動源に対する設計

(1) 耐震性能との関係

環境振動は**居住性**の問題、地震時の振動は**安全性**の問題とわりきって、これまで環境振動問題と耐震問題との間には大きな溝があった。構造分野では、耐震性能を引き上げるための手段として、新しい素材・構造の開発や免震・制震などのデバイス開発が多角的に行われてきた。その結果、建築物がそう簡単には破壊することがなくなった一方で、二次部材や家具・什器の転倒・落下、避難時の歩行困難などに見られるような振動障害の割合が増える傾向にある。このため、居住性に主眼を置く環境振動と安全性に主眼を置く耐震との明確だった境界が薄れ、環境振動と耐震から相互に知見を出し合って問題解決を図る必要性が増している。

(a) 安全性と機能性

耐震設計においては、まず**社会的要求性能**をクリアした上で、建築主の要望に応じて**個人的要求性能**が決定される。現在の社会的要求性能は、1981年の新耐震設計法で定められ、1995年の兵庫県南部地震でその有効性が概ね確認された要求性能、すなわち①建物の使用期間中に一度くらいは起こりそうな地震に対しては建物の損傷を許さず**機能性**を維持し、②稀にしか発生しない大地

震に対しては建物の崩壊を許さず人命を守る（**安全性**の確保）という2つの要求性能である。性能設計の時代に入ってから、設計者はこの**必要最低限**の**要求性能**を確保した上で、建築主の要望に応じた安全性の要求性能を保証しなければならなくなった。建築設計事務所や建設会社はそのために独自のメニューを用意している。

　建築主の要求に応じた安全性の要求性能を達成するために、建物の中に免震装置あるいは制震装置を組み込み、地震入力エネルギーを低減させたり吸収させたりして地震時の応答および損傷状態を制御する試みが盛んに行われている。しかし、免震・制震の目的はあくまで地震であり、環境振動のことは通常考慮されていない[7]。このため、免震装置は地震時の大きな揺れに対しては効果を発揮するものの、日常時の交通振動、工事振動、強風などに対しては逆に以前よりも揺れやすくなってしまったという事例も見られる（**図13-6**）。耐震

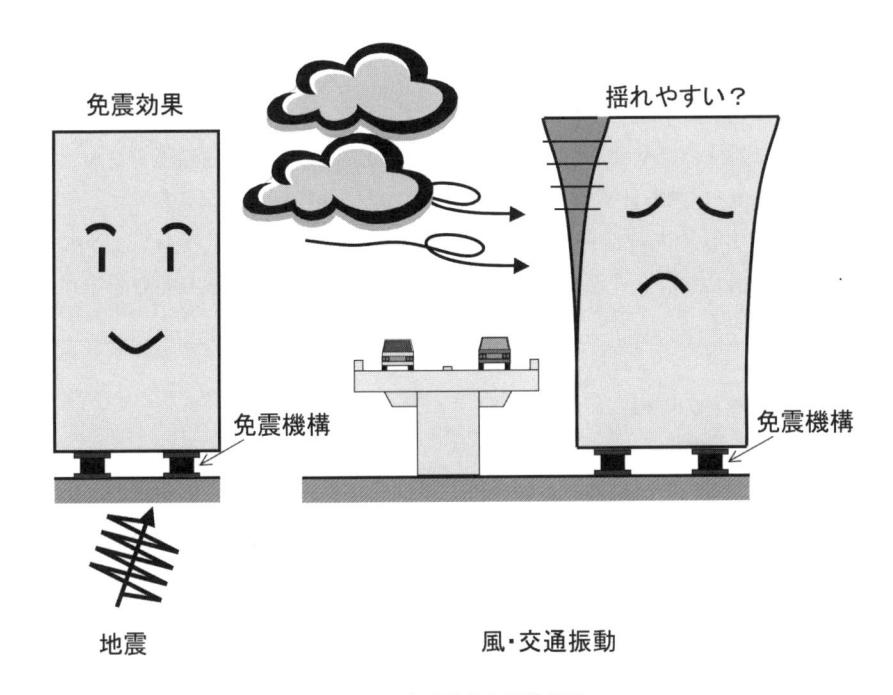

図13-6　免震建築と環境振動

問題と環境振動問題のトレードオフの一例といえる。

　免震装置や制震装置の利用だけでなく、新しい素材や構造の開発を通じて建築主の要求性能に応えようという動きもある。例えば、高強度鋼を用いて、震度7の地震に対しても塑性化することなく弾性領域にとどまるような設計が考えられている。こうなると、基本的には、建物はどんな地震が来ても無損傷であるから、想定外のことが起こらなければ構造安全性に関して特に配慮する必要がなくなる。その結果、大きな揺れの下での避難や作業への影響、あるいは家具・什器・機器などの移動の問題がクローズアップされるようになる[8]。

(b) 居住性

　近年、南海トラフが引き起こす東海・東南海・南海地震などの巨大地震の発生が憂慮されている。このような巨大地震が発生すると、震源が遠方にあっても**長周期地震動**が減衰せずに伝搬し、その周期が高層建築物の**固有振動数**に近づき、高層建築物が大きくしかも10分ほど揺れ続ける現象が生じる。大まかな推測の範囲ではあるが、60階建の高層建築物（一次固有周期：6秒）を考えると、その頂部では最終的に$330cm/sec^2$（震度5強）相当の揺れが生じることになる。10分間も継続する$300cm/sec^2$前後の振動に居住者が曝されるとなると、これは当然、環境振動の研究テーマになるだろう。かつて環境振動分野では、強風に対する高層建築物の**長周期水平振動**に関して、**居住環境**を対象として人間の感覚・行動や什器類等の応答を検討した事例がある（4.3参照）。最近、構造分野でも長周期地震動に対して新たな課題として取り組みが始まっており、今後、構造分野との連携のもとに当該課題にどのように取り組むかを検討する必要がある。

(2) 耐風性能との関係

(a) 安全性と機能性

　地震が有する広帯域の周波数領域は、中低層建物から高層建築物までの固有振動数を包含しているため、あらゆる建物に対して地震による振動の検討が必要になる。風もまた広帯域の周波数領域を有してはいるが、その主要領域は中低層建築物の固有振動数よりはるかに低振動数側にあり、かろうじて高層建築物の固有振動数がその裾野に入ってくる。また、面外剛性の小さな大屋根を有する大空間建築物もフラッターなどが生じやすく慎重な検討が必要になる。室

内競技場の大屋根の振動により屋根に取り付けられた照明器具が揺れ動き、スピードスケートのように0.01秒を争う競技では競技者の視覚障害をもたらすことが懸念された例もある（**6.3(1)** 参照）。風により振動が励起され、それが建築物の安全性と機能性に影響するような大規模建築物は高層建築物や大スパン建築物に限定されるが、都市部に多いペンシルビルや3階建て木造住宅でも同様な問題が生じやすい。

　高層建築物の**耐風性能**のチェックは、耐震性能と同様に、まず**安全性**と**機能性**の2つの要求性能に対して行われる。すなわち、①建築物の使用期間中に一度は起こりそうな強風に対しては建築物の損傷を許さず**機能性**を維持し、②稀にしか発生しない強風に対しては渦励振などにより建築物応答の不安定化が生じないようにして人命を守る（**安全性**の確保）という2つの要求性能である。性能設計においては、これを必要最低限の要求性能として確保した上で、建築主の要求に応じ、さらに高品質の要求性能を提供することが求められる。

(b) 居住性

　強風が発生する頻度は大地震が発生する頻度に比べればはるかに大きい。このため、高層建築物に関しては、再現期間1年の強風に対して**長周期水平振動**に関する**居住性**を確保するための第3のレベルを設定して設計が行われるようになった。揺れを感じるか感じないかという**知覚限界**の検討だけではなく、揺れが長期間続くことによる**動揺病**に対する検討も行われている。

　高層建築物においては、柔構造を採用して、その固有振動数を地震の卓越周波数領域から低振動数側に大きく離すことにより、地震入力に対する大幅な応答低減が期待できる。しかし、建物の耐震性能が向上する一方で、長周期化により建物の固有振動数が風の主要周波数領域に近づき耐風性能は低下してしまう。すなわち、耐震性能と耐風性能のトレードオフが生じることになり、高層建築物における耐震性能の追求が風による環境振動問題を引き起こすことになる。

　高層建築物の耐震性能を確保しつつ、強風に対する居住性も確保するために、**12.3(1)** で示したような大規模な制振装置が用いられるようになった。最近では、建物ごとに個別に制振装置を取り付けるだけではなく、**図12.6**のように制振装置により複数の建物を連結して応答低減を図る**連結制振**も実際に使われている。

(3) 耐波性能との関係

陸上建物の振動を引き起こす自然振動源は主に地震と風である。しかし、海洋建築物に振動を励起する主要な自然振動源は波浪である。波浪は風があってもなくても存在しており、風に比べ発生頻度は高くなる。海洋建築物は日常的に動揺環境下に置かれており、揺れることが当たり前といってもよい。その点では乗り物に似たところがある。このような環境下では、揺れの知覚限界よりも日々の生活、作業、あるいは歩行に支障を来さないような振動限界をどのように設定するかという問題の方が重要になる。

海底油田の掘削プラットフォームのような**固定式海洋構造物**に関して、**長周期水平振動**に関する許容レベルが**高層建築物**とともにISO6897（1984）に示されている（図10-9参照）。ここで興味がもたれるのは、海洋構造物の許容性能が高層建築物の許容レベルよりもかなり大きな値（緩め）に設定されていることである。その理由は、海洋構造物と高層建築物の中にいる人の違いである。すなわち、海洋構造物は作業専従者であり、高層建築物は不特定多数の一般人である。

長周期鉛直振動は歩道橋の設計においても重要な検討項目になっているが、浮遊式海洋構造物や船舶に関しては、以前はISO2631-3（1985）に長周期鉛直振動に関する限界値が暴露時間をパラメータとして与えられていた（図10-7参照）。この限界値はISO2631-1（1997）の改定に伴い廃止され、周波数領域が拡張されたISO2631-1に吸収されることになった。最近、公共空間である沿岸部や運河に浮遊式レストラン、浮遊式ターミナル、浮遊式水族館等が造られているが、このような**浮遊式海洋建築物**の設計において今後重要な検討項目になると考えられる。海洋建築物に限らず、長周期鉛直振動は建物内のアトリウム空間に掛け渡されたブリッジや大きく張り出したキャンティレバー床の設計でも問題になることがある。

13.6 人工振動源に対する設計

(1) 外部振動源

ここまで、安全性・機能性に関する設計と居住性に関する設計の関係を概観するために自然振動源に注目してきたが、ここからは環境振動に特有な人工振

動源を考えてみたい。建物にとって外部からの振動刺激となる人工振動源による振動は、人体で言えば脈拍に相当する都市活動のバロメータであり、都市活動が活発であるほど振動は大きくなる傾向が見られる。そのような都市部の環境悪化を防ぐため、振動源→伝搬経路→対象点での事前・事後対策を通じて、健康で快適な都市生活を保証できるように振動を抑える工夫が必要になる。しかし、都市は成長し続け、都市の鼓動としての環境振動も変化し続ける。その変化の速度は徐々に速くなっており、構造設計者には状況を即座に把握した上で適切に対応することが求められるようになってきている。

都市における振動環境の変化は目まぐるしい。設計者には、構造設計を通じてこうした様々な外部振動源に対する対策を事前に施しておくことが要求されるようになってきている。

(a) 交通システムの建物への近接

交通振動の変化は特に顕著である。以前、地表面の上を走っていた鉄道や道路は、高速道路、地下鉄、高架鉄道、地下車道として次々に増強され、交通システムの立体化が進行している。それぞれ振動源としては異なる特性を持っており振動対策は複雑である。これらの交通システムは、都心部に近づくほど建物に近接し、時には建物を貫通することもある（図13-7）。都市部では高速道路や高架鉄道の真下、さらには地下鉄や地下車道の真上も建築空間として利用されている。12.3(2) 及び (3) でも紹介したが、最近では、制振・免振技術を利用して高架鉄道の真下にホテルを造ったり、地下駅の真上に病院を造ったりと、振動源の直近に本来静穏な振動環境が要求される建物を建設する例も見られる。さらに、振動源として、車両の大型化や高速化が交通振動問題を深刻化している（図13-8）。

(b) 都市活動の24時間化

コンビニの急増に見られるように、都市は夜になっても活動を続け、交通システムによる人と物の流れは24時間止まることがない（図13-9）。振動暴露が長時間続くことによる生活環境への影響が懸念される。

(c) 都市の新陳代謝

建物や都市インフラの建設や解体に伴い発生する建設作業振動、都市機能を維持するために必要な道路や軌道からの交通振動、工場などの生産施設からの機械振動は、いずれも都市が新陳代謝していることを示す鼓動である。都市で

図13-7　都市における振動源と受振点の近接

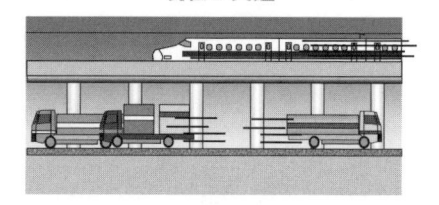

図13-8　車両の高速化・重量化による振動発生

生活することを選んだ人は振動から全く無縁の生活を送ることは難しくなりつつある。それだけに、静穏な都市環境を確保するために環境振動への期待が増すことになる。

(d) 群衆振動

　野球スタジアムやサッカー場など、多数の観衆を収容する施設を有するのも

図13-9　都市活動の24時間化と環境振動

都市機能の特徴である。サッカーの応援やロックコンサートの鑑賞などで観客の足踏みのリズムが同調し、近くの建物に振動障害を与えることがある。

(2) 内部振動源

人の動作や設備機器から発生する振動は、振動源が建物内部にあり、対象点も建物内部にある。したがって、伝搬経路もまた建物内部だけである。建物の周辺環境には一切関係なく、建物だけで問題解決を図れる。建物内の振動源と対象点が近接している場合、床のスパンが大きかったりスラブ厚が薄かったりすると、床の鉛直振動が増幅されやすい。床の鉛直振動の対策としては、スラブ厚を増したり小梁を追加して床剛性を上げたり、制振装置を設置して振動低減を図ったりすることが多い。振動源と対象点が、同じ階でも異なるスパンの場合、あるいは異なる階となる場合には、床だけでなく、その周辺の梁、柱、壁が伝搬経路となるので、梁、柱、壁と床との相互作用を考慮する必要がある。

(3) 振動を受ける建物の変化

外部振動源からの振動刺激を受ける建物自体にも時代とともに変化が生じて

いる。建物用途に応じたきめ細かな振動対策を組み込んだ構造設計が要求される機会が増えている。

(a) 揺れやすい建物の増加

都心部では、建物の高層化により長周期建物が増加し、強風や長周期地震動の周期に近づき応答の増幅が生じやすくなっている。高層建築物に限らず一般建物においても、高強度材料の使用や設計・施工の合理化に伴い、スパンの増加や軽量化が進み揺れやすい建物が増えている（**図13-10**）。狭小な敷地いっぱいにアスペクト比（建物の幅に対する高さの比）の大きなペンシルビルや3階建て木造住宅を建てる傾向が見られ、形状的にも揺れやすい建物が増えている（**図13-11**）。

(b) 多目的ビルにおける問題

様々な機能を持つ複合施設（コンプレックス）が建設されることも多い。複

図13-10　新工法・新材料による揺れやすい建物の増加

合施設では用途に応じて振動の許容性能が異なるため、建物内でのエアロビクスなどによって生じた振動がオフィスとして使われている他の階に伝搬して振動障害を引き起こすことがある（**図13-12**）。

(c) 建物の長寿命化による劣化

建物の長寿命化とともに劣化による振動性能の低下も懸念される（**図13-13**）。ひびわれの伸展により剛性が低下し、竣工時に比べて揺れやすい建物になることがある。

(d) 建物の用途変更

建築ストックの活用という観点から、初期の建物用途を途中で異なる用途に変更するコンバージョンも増えている[9]。オフィスビルからマンションへのコンバージョンや倉庫からレストランへのコンバージョンなどがある（**図13-14**）。用途が変われば環境振動の要求性能も変化する。

図13-11　ペンシルビルと3階建て木造住宅の振動障害

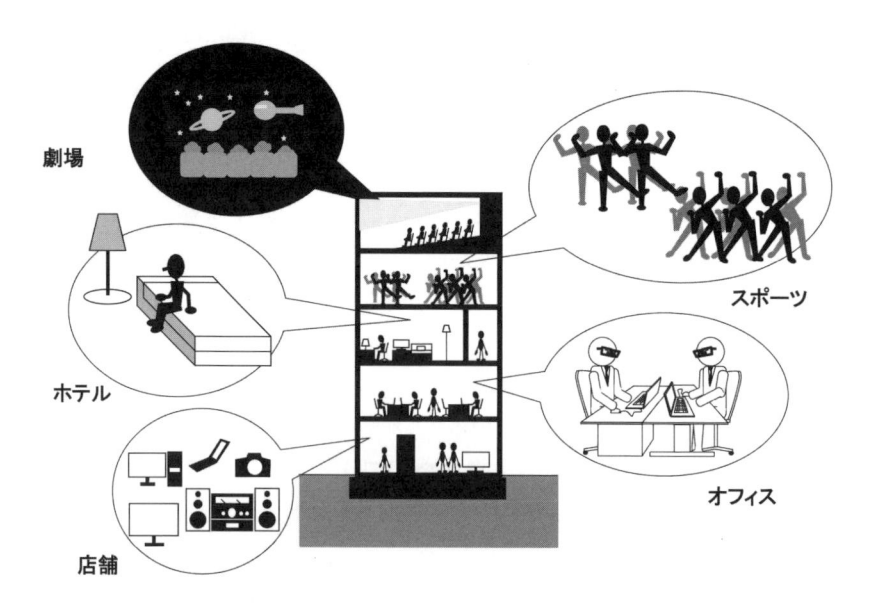

図13-12　多目的ビルにおける振動障害

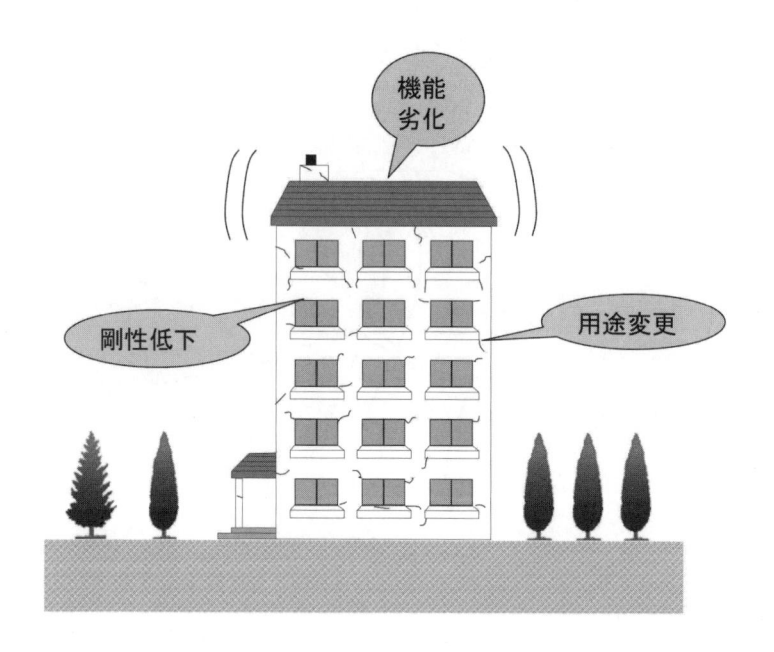

図13-13　建物の長寿命化による振動性能の低下

13章：環境振動の性能設計　　*181*

オフィスビル → **マンション**

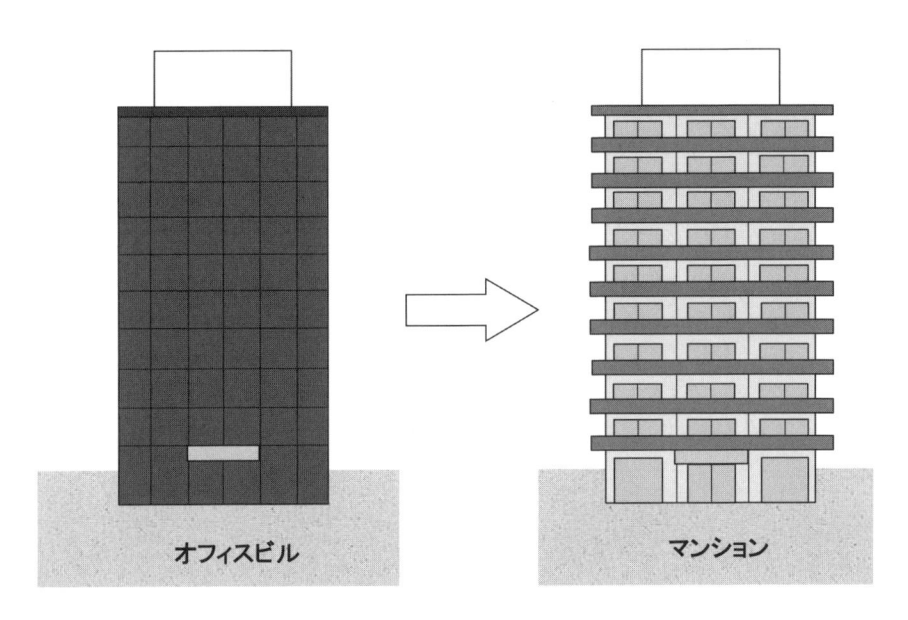

図13-14　コンバージョンによる要求性能の変化

昼間のストレス　　　**夜間のリラックス**

図13-15　より静かな環境の需要

(4) 振動の感じ方の変化

高度成長期を経験し、成熟社会に入った今日、生活の豊かさや質は以前にもまして追求されるようになっている。このような生活水準の向上に伴い、環境振動に対する人の感じ方も変化している。機械化と合理化が進行する昼間の都市生活は人々の心的ストレスを増大させており、それだけに帰宅後の夜間の家庭生活では、心を癒すためにより静かな振動環境を求めるようになっている（図13-15）。構造設計者として建築主の要求性能を的確に把握する能力が要求される。

13.7 環境振動設計に関する国際的動向

構造設計者を対象とした環境振動に関する設計ガイドラインはISO 10137（2007）をはじめ国際的にも整備されてきている。

(1) ISO 10137（2007）

環境振動に関する性能設計を考える上で重要な基準である。建物の構造設計における**使用限界状態**として振動を扱っており、振動を受ける対象として、人体のほかに、家具・什器・設備機器、及び建物躯体・部材を取り上げている[10]。対象とする振動源の種類は、工場振動、鉄道・道路交通振動、建設作業振動、人間活動、設備機器、発破、ソニックブーム、風、地震等と多様である。人体に対する振動規範は、病院の手術室のような「繊細空間」、オフィスや住居のような「通常空間」、集会所や工場のような「活動空間」に分けて考えている。各空間に影響を与える振動は以下の5クラスに分類されている。

- クラスA：知覚閾以下（人体によって直接的には感知されないが、精密機器を用いた作業は妨げられる）。
- クラスB：知覚閾（振動を感じるかどうかの境界）。
- クラスC：迷惑・警告・恐れなどの不満の訴え。
- クラスD：活動の妨げ。
- クラスE：振動障害や健康障害を生じる可能性。

なお、クラスB～Dは振動波形が「連続」、「衝撃」、「間欠」のいずれであるかに応じて評価を変えている。

(2) 「構造物の振動問題：実用ガイドライン」(1995)

CEB (Comite Euro-International du Beton) の振動タスクグループにより作成された[11]。振動源として、人間活動、生産機械、風、および鉄道・道路交通振動が取り上げられている。地震動、衝撃荷重、及び繰り返し荷重による疲労影響は対象範囲からはずされている。対象構造物は、ビル、工場、体育館、コンサートホール、橋梁、塔、マスト、煙突である。

13.8 環境振動設計の今後の課題

建物内部で過ごす人々は床の上で振動を感じる。人は床の上で立位、座位、あるいは仰臥位のいずれかの姿勢で振動を受ける。二次的である椅子やベッドと共に、床は人体に振動を伝える直接の部位である。環境振動に関わるあらゆる振動源が**床振動**を励起する。人の動作や設備機器のように振動源が建物内部にある場合もあれば、自然振動源や交通振動のように建物外部にある場合もある。前者は古典的な環境振動の問題であり、後者は現代の都市の環境振動問題である。

日本の**構造設計**は**耐震設計**が中心である。この耐震設計との関係を抜きに環境振動設計の体系化はありえない。建築の設計における最優先事項はどんな状況にあっても人命の安全性を保証することである。きわめて稀にしか起こらない大地震を想定して、柱、梁、壁などの配置や断面が決定される。通常の建築物の場合、環境振動設計は、耐震設計が終了した後、付加的あるいは二次的に行われる設計として扱われることが多い。

しかし、都市環境が変化して多様な振動源が建築物を取り巻き、材料強度の増大により躯体の剛性は反対に減少する傾向も見られるなど、揺れやすい建物が増えており、振動性能に対して高い要求が出されると、必ずしも二次的な設計とは言い切れなくなる。場合によっては、日常的な環境振動に対する要求性能をクリアしてから耐震安全性や耐風安全性を検討するということもありえる[12~15]。

振動を評価するための「評価指針」があれば、それですぐ設計ができるわけではない。「評価指針」はあくまで目標であり、その目標を果たすための手段を与える「**設計指針**」が必要になる。建築設計は総合的な作業であり、環境振

動に関する検討はそのごく一部でしかない。その意味で、環境振動性能設計を体系化していく作業において、耐震・耐風分野の性能設計との整合性は重要である。

　急激な都市化の進行と成熟社会への移行に伴い、安全性一辺倒の構造設計から快適性・居住性に軸足を移す構造設計へと徐々に変化していることも事実である。**仕様設計**から**性能設計**への移行も、その流れの中で起きた変化と見ることもできる。今後、構造設計における環境振動の役割はさらに重要度を増すと考えられる。それだけに、環境振動の設計体系は構造設計者にとって馴染みやすく理解しやすい形になっている必要がある。上述した耐震設計と耐風設計との連続性もその一つである。

　「設計指針」においては、目標値を単に提示するだけではなく、それを現業で利用する上での簡明性、単純性、および機能性を備えていなければならない。現業において指針を開いて始めから検討を始めなければ目的を果たせないようでは理想的な指針とはいえない。すなわち専門家が可能な限りの努力を払い、省略できるところはそぎ落として、実務の段階ではすっきりと判断に役立てられるように整えることも大きな要求用件である。そうした意味では、現在の「**居住性評価指針**」が知覚確率のみでの表示となったことは決して満足のいく姿ではない。いわゆる質的意味合いが読み取れないところが最大の弱点となっている。こうした点の改善を今後とも検討していく必要がある（**はじめに及び表10-1**等参照）。

参考文献
1) 濱本卓司：環境振動性能設計の確立に向けて、第25回環振資料、pp.51-62、2007
2) 塩谷清人：構造領域からみた環境振動評価、第6回環振資料、pp.7-12、1988
3) 小泉達也：構造設計における環境振動の位置づけ、日本建築学会大会環境工学部門PD資料、pp.13-16、2004
4) 吉江慶祐：建築設計と環境振動対策の現状、第23回環振資料、pp.23-26、2005
5) 井上勝夫：性能設計と環境振動、第19回環振資料、pp.31-36、2001
6) 石川孝重：環境振動性能設計法と設計のポイント、音響技術、Vol.155（Vol.40、No.3）、pp.8-13、2011

7) 安井八紀：免震建物と環境振動、第26回環振資料、pp.31-36、2008
8) 斉藤大樹：長周期地震動と超高層建物の室内環境、第26回環振資料、pp.23-30、2008
9) 藤井俊二：コンバージョンにおける環境振動問題、第24回環振資料、pp.33-38、2006
10) ISO10137：Bases for Design of Structures – Serviceability of Buildings and Pedestrian Walkways against Vibration, 2007
11) Bachmann, Hugo *et al*.：Vibration Problems in Structures, Birkhauser Verlag, 1995
12) 石川孝重：環境振動を重視した設計に向けて、第21回環振資料、pp.23-28、2003
13) 小泉達也：風振動に関する環境振動設計と例題、第27回環振資料、pp.3-12、2009
14) 吉松幸一郎：交通振動に関する環境振動設計と例題、第27回環振資料、pp.13-20、2009
15) 日本建築学会：環境振動性能設計ハンドブック、日本建築学会、2010

14章
都市の環境振動

　建物は基本的に一品生産である。それぞれの建物は設計当初の目的に従い黙々と個々の使命を全うしている。情緒面を別とすれば、寡黙で何も語りかけてこない個々の建築物であるが、それらをセンサネットワークで覆うことができれば、大地を通じて相互に連結した建物群としての振動情報を抽出することができ、都市における環境振動問題を解決する有力な手段となりえる。環境振動の苦情は、特に都市において顕著である。稠密に建築物が立ち並ぶ都市では、①振動源と対象点の距離が近接し、②振動源が多種多様で、③対象点が群として連続的に広がっていることがその主な理由である[1]。

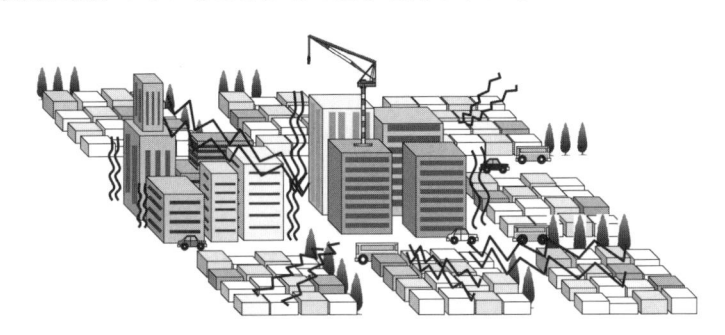

図14-1　都市の建設作業振動

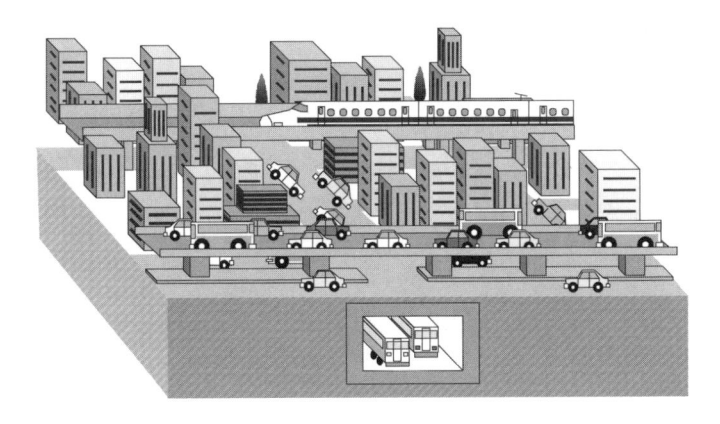

図14-2　都市の交通振動

都市における環境振動の苦情の中心となっているのは建設作業振動（図14-1）と交通振動（図14-2）である。しかし、それだけでなく6章で述べた様々な振動源が都市の建築群を取り巻いている[2〜5]。かつては建物内部で不愉快な

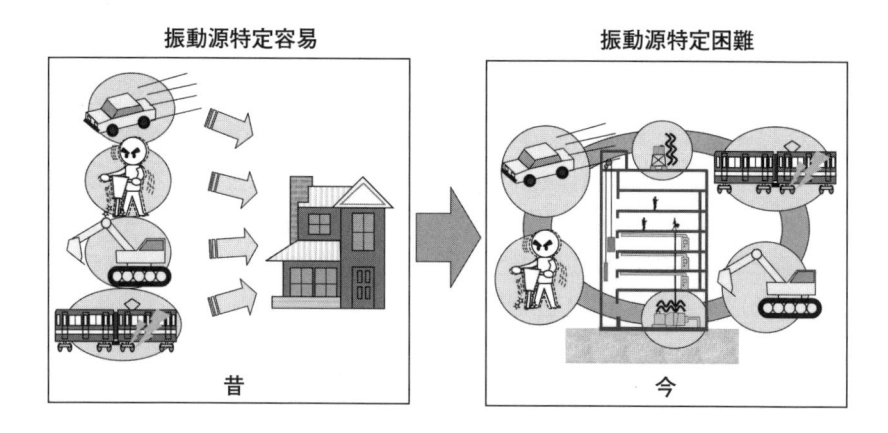

図14-3 都市における振動源特定の困難さ

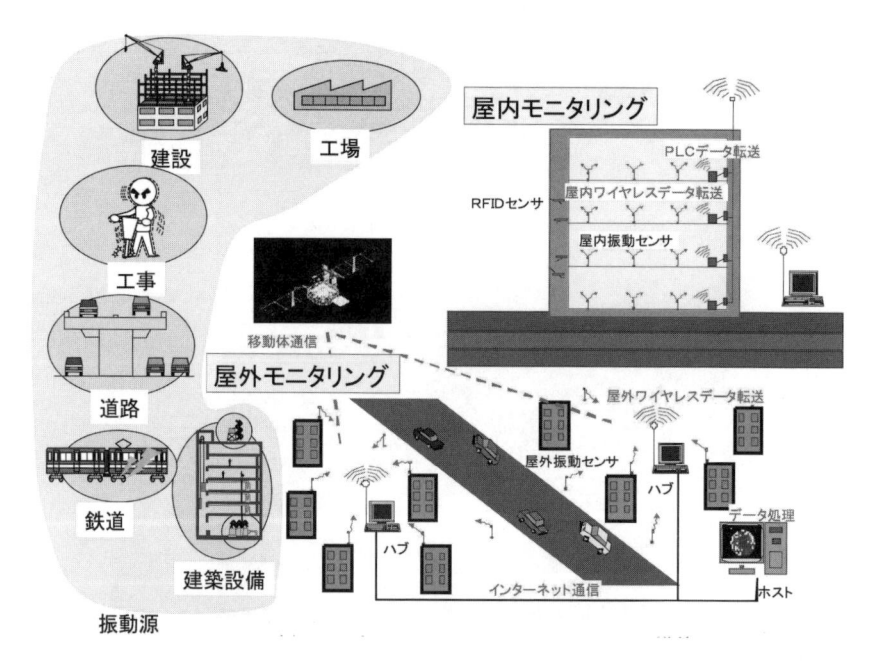

図14-4 環境振動測定ワイヤレスセンサネットワークの構築

振動を感じた時、比較的容易にその振動源を特定することができた。ところが近年、図14-3のように、振動源の多様化と伝搬経路の錯綜により、建物内部で振動を感じても、その振動源を特定することが難しくなっている[6]。振動源や伝搬経路の特定ができなければ、有効な振動低減対策を実施することが難しくなり、環境振動問題の根本的な解決を図れなくなる。このような問題に対処するために、ここでは、図14-4で見るように、建物内外に多数のMEMS加速度センサを設置し（9.2(h) 参照）、データを電波で転送するためのワイヤレスセンサネットワークを構築して広域高密度モニタリングを行い、都市の環境振動をほぼリアルタイムで把握する方法の樹立を図っている[7]。

14.1 広域高密度モニタリング

一般に、あるシステムについて監視することをモニタリングという。環境振動においては、都市の広域高密度環境において、ある期間、振動の実態を把握する目的で計測する行為が**広域高密度モニタリング**である[8]。都市の環境振動を広域高密度で計測する**ワイヤレスセンサネットワーク**のイメージを図14-5に示す。このネットワークを構築する技術要素として、データ収集のためのセ

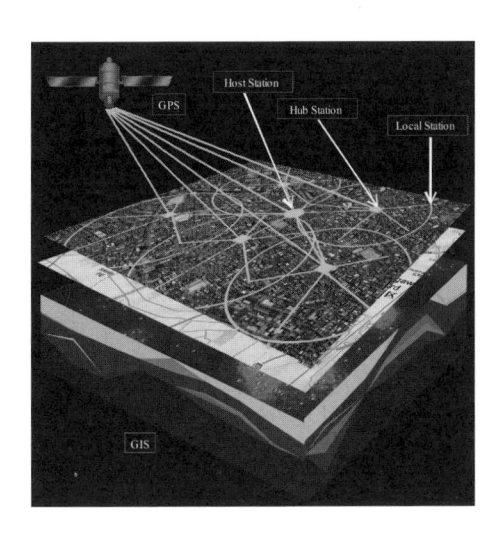

図14-5　ワイヤレスセンサネットワークのイメージ

ンサユニットの開発、データ転送のためのワイヤレスセンサネットワークの構築、データ処理後の「**見える化**」のためのGPS及びGIS（本節(1)及び(3)参照）を導入したデータ表示システムの開発が必要になる。

(1) ワイヤレスセンサ

信頼度・精度という点では、有線計測は無線計測よりもまだ優位性を保っている。しかし、広域高密度計測となると有線計測は実際的ではなく、無線計測に頼らざるを得ない。どんな物にもコンピュータが組み込まれインテリジェント化される**ユビキタス**時代の到来とともに、無線計測のための通信環境は急速に整備され、センサも超小型で廉価なMEMSセンサの開発を中心に、信頼度・精度の向上は日進月歩である。

環境振動計測用の小型ワイヤレスセンサの開発はまだ始まったばかりである。MEMSを用いた地震動計測用センサネットワークの開発はすでに行われているが、現時点での**精度**は1.0gal程度であることが多く、環境振動で要求する少なくとも0.1gal、できれば0.01galの精度を広い周波数領域で達成するにはもう少し時間を要しそうである[9]。もちろん、環境振動計測用の高精度センサは市場に出回ってはいるが、こちらの方は高価でサイズが大きすぎ広域高密度の要求には応えられない。

公害振動の計測では、鉛直1成分の計測だけで済むことが多いが、建物の3次元挙動を把握するためには、水平2成分、鉛直1成分の計測は不可欠であり、3軸加速度MEMSセンサの開発が必要である。

MEMSセンサにより計測された振動データを一度**センサユニット**（図14-6）内に記憶させ（メモリ機能）、計測終了後ハブステーションに向けてデータを転送するか、記憶させずに即座にデータ転送する（送信機能）。この時、振動の伝搬過程を把握するには、センサユニット間で時間同期を確保する必要がある（同期機能）。センサユニットを駆動する電力は、比較的短期間の計測の場合は内蔵（直流）電池、長期間計測する場合は交流電源からとることにし、どちらの方式でも切換えで使えるようにしておくと便利である（電源機能）。また、センサの数が膨大になるため、各センサユニットの位置情報と時間情報を人工衛星利用の位置情報システムであるGPSで管理することも有効である（図14-5参照）。

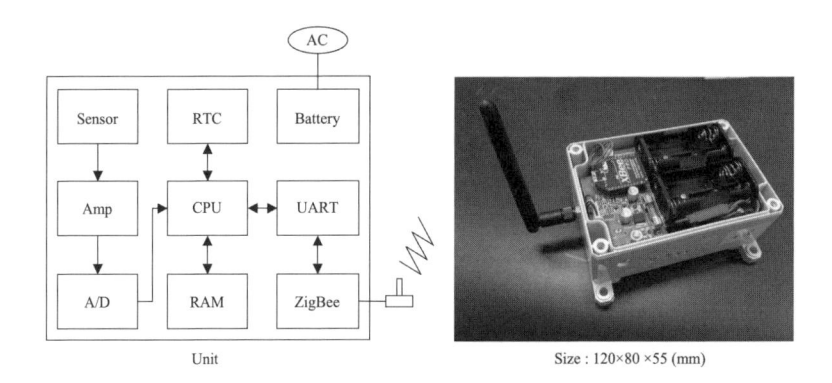

図14-6　環境振動計測用ワイヤレスセンサユニットの例（東京都市大学濱本研究室）

(2) センサネットワーク

　振動は建物内部で増幅したり減衰したりする。その増幅と減衰のメカニズムを把握するために、建物内部の複数点を計測する必要がある。この時、鉄筋コンクリート造や鉄骨造では、鉄筋や鉄骨による電波の**シールド効果**により**データ転送**が困難になる場合がある。このような場合は、**図14-7**に示すように、センサユニットからハブステーションの間に中継器を設置する必要性も考慮する。ハブステーションは、データ転送時の障害を避けて、できるだけ計測対象領域内の見通しの良い場所に設置し、数棟の建物のデータが管理できるようにする。ハブステーションでは、時系列データを**高速フーリエ変換**あるいは**1/3オクターブバンド分析**して周波数領域の情報に変換する。その後、変換されたデータをホストステーションに転送し、ここで全ての計測点におけるデータの空間分布と時間変動を総合的に分析する。さらに、最適なデータ転送方式と転送速度の選択や、より高度なデータ処理、例えば、各計測点間の**相関関係**や**因果関係**の分析等を行う。

(3) GISによるグラフィック表示

　広域高密度モニタリングの結果を**振動対策**のために利活用するには、振動の空間分布と時間変動をほぼリアルタイムでビジュアルに表示できるシステムの開発が必要である。このために地理情報システムである**GIS**を導入する。モニ

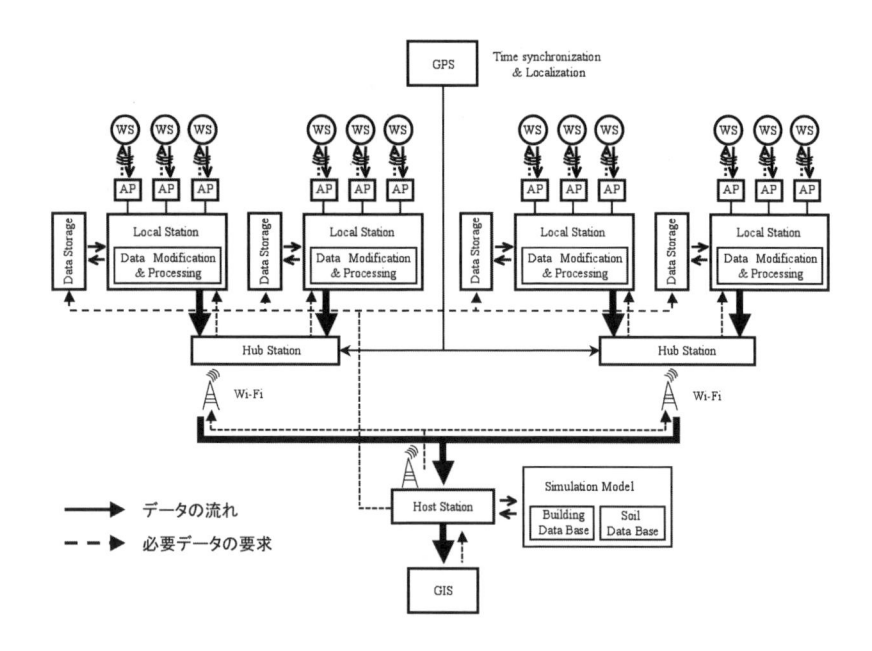

図14-7 環境振動計測センサネットワークの例

タリング結果を検討するために、計測対象領域の家屋情報、道路・鉄道情報、地形情報、地盤情報などの**データベース**を作成し、GISのレイヤーとして蓄積しておき、必要に応じて参照する。計測データを処理した結果は、例えばGIS上において、各計測点における振動レベルが評価・管理基準以下であれば青、それ以上であればレベルに応じて黄・橙・赤のように変化するように表示し、必要に応じて各計測点でのより詳細なデジタル値を参照できるような形式を考える。

14.2 広域振動シミュレーション

都市の環境振動を評価・管理するには、振動の発生と伝搬のメカニズムを解明する必要がある。振動の発生から人体に届くまでの振動の空間分布と時間変動を把握するための**広域振動シミュレーション**のためのモデル化、データベー

ス化、及び結果の「**見える化**」が重要である。

(1) 広域振動モデル
　振動源から建物内部の人間に至るまでの伝搬経路における振動の空間分布と時間変動を推定することが**予測シミュレーション**の役割である（**11章**参照）。予測シミュレーションを行うに当たっては、既往の**シミュレーションモデル**を整理検討し、評価・管理システムに適したモデルと予測手法を選択する必要がある。
　予測シミュレーションモデルの検証は、多点における予測結果を多点におけるモニタリング結果と比較することにより行う。シミュレーションモデルの妥当性が示されたら、予測シミュレーションを実施し、必要に応じて適切な**事前対策**を計画する。振動源、伝搬経路、あるいは対象点における対策計画に応じてモデルを更新し、更新前と更新後のモデルの結果を比較検討することにより事前対策の効果を確認する。効果が確認できない場合は、対策を変更して再検討し、評価・管理基準を満たすまで繰り返し、最善策を探索する。予測できない想定外の振動が発生した場合も、その原因解明と**事後対策**のためにシミュレーションモデルを利用することができる。

(2) 地盤と建築のデータベース
　予測シミュレーションを事前・事後対策のツールとして有効に利用するには、近年整備が進んでいる地形（崖地・谷地・傾斜地など）と地盤構造（成層性、不連続性、地下水位など）に関する地盤情報や建築群の3次元情報を適切に取り込めるようなモデルを選択する必要がある[10]。

(3) 広域振動の「見える化」
　広域振動シミュレーションの結果をGIS画面上に表示し、点としてではなく面として総合的に情報を把握することは極めて有益である。すでに騒音の分野ではこのような試みが進んでいる[11]。振動シミュレーションの有効性を確認するためには、シミュレーションの結果とモニタリングの結果を多点で同時に相互比較できるような表示にしておく必要がある。また、各表示点における地盤と建物の情報を即座に参照できる機能も必要である。以上の観点から、広域振

動シミュレーションのGIS可視化システムは、広域高密度モニタリングのGIS表示をベースにおき、その上に予測シミュレーションのレイヤーを載せることにより、モニタリングとシミュレーションを一体化したGIS可視化表示システムとして開発することが望まれる。

14.3 都市環境振動の評価と対策

広域高密度モニタリングと広域振動シミュレーションの結果に基づき、都市の振動環境を評価・管理するためのシステム構築について考える。

(1) 評価・管理基準の設定

現行の環境振動評価は、主に過去に実施された正弦波に対する被験者実験の結果に基づいている。風や地震に対する長周期水平振動では、建物の1次固有周期の揺れが支配的になるので、正弦波に基づく評価でも大きなずれはないが、交通振動や建設作業振動になると、**衝撃振動**を含む**ランダム振動**となり、連続的で単一振動数が卓越する正弦波と同じ振動として扱うには無理がある。

評価・管理基準の設定に当たっては、今後、以下のような新しい知見の蓄積が必要である。風や地震に対する長周期水平振動に関しては、**並進振動**だけでなく**ねじれ振動**の影響と、長周期になると無視できない視覚効果の影響を適切に評価することが望まれる。交通振動や建設作業振動に関しては、衝撃振動を含むランダム振動に対する人体影響を把握するために、建物内部で実振動を計測し、それをパターン分けした上で被験者実験を行い、人の知覚および不快感などの心理反応を調査する必要がある。

特に環境振動に対する人間の知覚および心理反応は、**振動数**と**継続時間**に依存することが明らかになっているので、この点を考慮した**評価・管理基準**を設定することが望ましい。このためには、振動計測データの解析処理方法の選択と結果の表示方法に関する検討が重要である。また、評価・管理基準値は、計測対象地域が閑静な住宅地にある場合と交通量の多い幹線道路沿いにある場合とでは当然異なる。すなわち、バックグラウンドの振動レベルに応じた基準値の緩和についても検討が必要である。

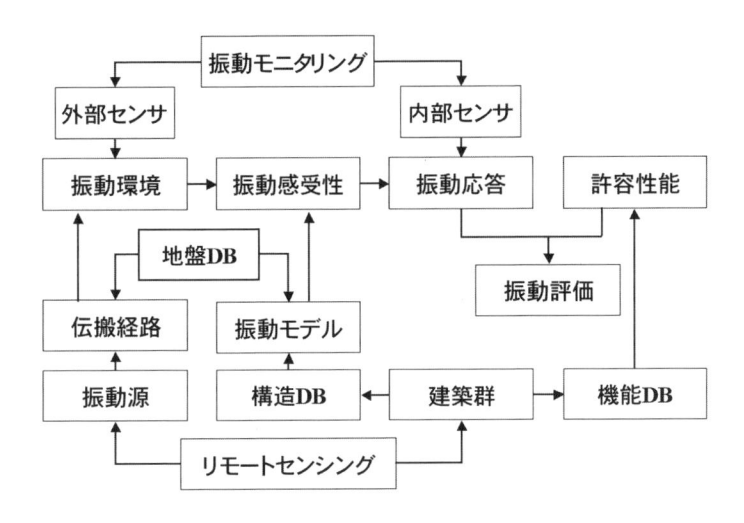

図14-8　都市環境振動の計測・予測・評価の枠組み

(2) 評価・管理システムの構築

振動数や暴露時間の影響を考慮した評価・管理基準が設定できれば、都市における環境振動モニタリングの結果と予測シミュレーションの結果を基準値と比較することにより、事前・事後対策を立案することができる。すなわち、モニタリングとシミュレーションの結果と基準値に基づく判断を統合化・総合化することにより、**図14-8**に示すような都市の環境振動の**評価・管理システム**を構築することが可能になる。

14.4　都市の環境振動を扱うための課題

環境振動は都市の中で先鋭化する。都市は変化を続け、振動環境も変化する（**図14-9(a)〜(c)**）。都市の中では様々な環境振動問題が高密度・高頻度で発生している。空間的には、狭い範囲で生じる振動もあれば広範囲に影響を与える振動もある。時間的には、短期間で終わる振動もあれば長期間継続する振動もある。しかし、一見個別に発生しているように見える環境振動問題は、都市の時空間構造で見れば、相互に何らかの**因果関係**や**相関関係**が認められるはず

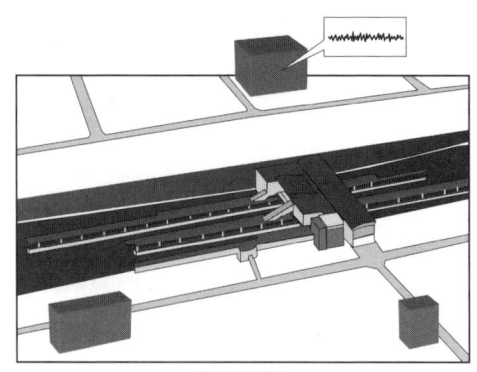

(a) 竣工時

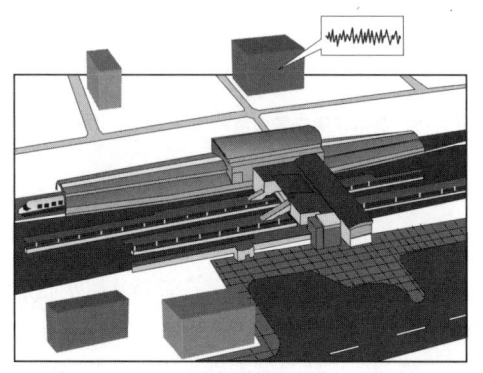

(b) 5年後

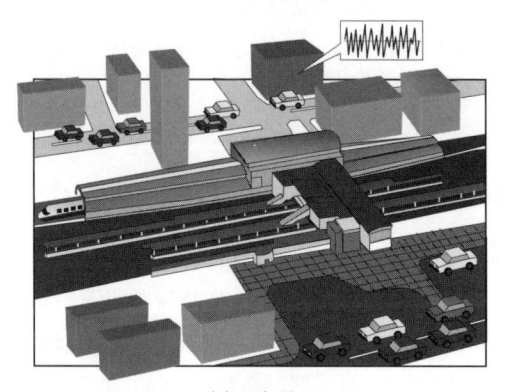

(c) 10年後

図14-9 建物外部の環境振動の変化は速い

である。したがって、事前・事後対策を立案する際にも、個別に環境振動問題の解決を図るより、群として環境振動を解決する方が合理的なこともある。

このための技術開発として、①センサユニットを広域高密度に配置して都市の環境振動をモニタリングし、その結果をGIS上にほぼリアルタイムで表示して面的な情報として把握するとともに、②シミュレーション技術と「見える化」技術を導入して、振動伝搬の空間分布と時間変動を予測し、錯綜する都市の環境振動のメカニズムを解明し、③実振動に対する人体の感覚的・心理的反応に基づき評価・管理基準を設定した上で、④これらを統合化・総合化して都市の環境振動の評価・管理システムを構築することを提案したい。

参考文献
1) 濱本卓司：都市における広域高密度環境振動モニタリング、騒音制御、Vol.34、No.3、pp.223-229、2010
2) 益田勲：都市交通システムの変化、第19回環振資料、pp.13-18、2001
3) 橋本嘉之：建築物の複合化・大規模化による環境変化、第19回環振資料、pp.19-24、2001
4) 福原博篤：都市生活の多様化に伴う環境振動と音との境界、第24回環振資料、pp.13-19、2006
5) 横島潤紀：都市における環境振動とその周辺要因の複合評価について、第24回環振資料、pp.43-48、2006
6) 濱本卓司：都市環境振動リスクの顕在化、第24回環振資料、pp.5-12、2006
7) 濱本卓司：ワイヤレスセンサネットワークによる広域高密度環境振動モニタリング、音響技術、No.155（Vol.40、No.3）、pp.61-67、2011
8) 濱本卓司：環境振動の広域高密度モニタリング、第29回環振資料、pp.1-8、2011
9) 倉田成人：センサネットワークの現状と展望、第29回環振資料、pp.9-16、2011
10) 大井昌弘：地盤情報データベースの連携と公開、第29回環振資料、pp.35-40、2011
11) 木村康博：自動車騒音の面的評価、第29回環振資料、pp.41-46、2011

15章 環境振動チェックリスト

　最後に、本書で扱った内容をチェックリストの形で整理しておくことにしよう。チェックリストの要約を表15-1に示す。土地取得時や家屋新築時などのチェックリストとしても役立つと思われる。すでに居を構えているならば、あなたの住まい、通勤している職場、通学している学校など、このチェックリストを参照しながら、環境振動という視点からどのように位置づけられるかを確認してみよう。環境振動に関してほぼ満足できる状況にあることがわかり安心できたり、あるいはこれ以上我慢することなく、具体的な居住環境の改善に繋がることも考えられる。

15.1　外部環境のチェック

　外部から建物に入ってくる振動を実測に基づき現状把握するとともに、今後の状況変化を予測することが必要である。環境振動に関する要求性能は建物の周辺状況に応じて決定され、その要求性能を満たすような対策を立てることになる。

(1) 立地特性
　建物を取り巻く環境下でどのような振動が発生しやすいかを定性的にチェックする（1.5参照）。例えば、以下のような可能性がないかどうかを確認する。
1) 山間：トンネル工事、河川工事などの重機を使用する土木工事。近くの採石場での掘削作業や発破作業。崖地や盛土のような地震を増幅する場所。山からの強烈な吹きおろし。
2) 海浜：海が荒れた時に海岸に打ちつける波。
3) 田園：農耕機や脱穀機などの大型機械の使用及びそれらの運搬。
4) 郊外宅地：大規模な造成工事やバイパス工事。大型ダンプの高速走行。高速鉄道のトンネル出口における微気圧波の発生。飛行航路に近い場合、ジェット機によるソニックブームの発生。
5) 郊外商業地：大規模な駅前再開発計画などはないか。

表 15-1 環境振動チェックリスト

外部			内部						評価	対策
立地特性	振動源特性	地盤特性	空間特性		行為・行動	機器・設備	構造特性			
			用途	規模			構造種別	構造形式	基礎形式		
1.山間	1.工場	1.砂質	1.住宅	1.平屋	1.睡眠	1.空調機	1.木造・在来	1.ラーメン構造	1.束石基礎	1.日本建築学会「居住性能評価指針」	1.地盤改良
2.海浜	2.鉄道	2.粘土質	a) 戸建	2.2階建て	2.食事	2.洗濯機	2.木造・枠組壁	2.壁付きラーメン構造	2.フーチング基礎		2.防振溝
3.田園	3.道路交通	3.砂礫質	b) タウンハウス	3.3階建て	3.入浴	3.発電機	3.軽量鉄骨	3.ブレース付きラーメン構造	3.布基礎	2.振動規制法	3.地中壁
4.郊外宅地	4.工事	4.岩盤	c) アパート	4.ペンシルビル	4.団らん	4.ボイラー	4.重量鉄骨	4.フラットスラブ構造	4.ベタ基礎	3.ISO2631/1	4.剛性・質量付加（小梁増設、床の増し打ち）
5.郊外商業地	5.空港	5.関東ローム	2.病院	5.中層	5.歩行・走行	5.楽器	5.RC造	5.壁構造	5.杭基礎	4.ISO2631/2	5.防振（防振ゴム、防振ばね、浮き床）
6.都心宅地	6.発破	6.埋立	3.ホテル	6.高層	6.跳躍	6.オーディオ	6.SRC造	6.免震構造	a) 座摩杭	5.ISO6897	6.免震（基礎免震、床免震、吊り免振、浮き免振）
7.都心商業地		7.切土/盛土	4.劇場（映画館）	7.超高層	7.演奏	7.エレベーター	7.ハイブリッド	7.制振構造	b) 支持杭	6.ISO10137	7.パッシブ制振（TMD、スロッシングダンパ）
8.工場地帯			5.福祉施設		8.接客	8.エスカレーター			6.ケーソン基礎		8.アクティブ制振（ATMD）
			6.美術館・博物館		9.机上作業						9.連結制振
			7.図書館		10.精密作業						
			8.店舗		11.工場作業						
			9.オフィス								
			10.学校								
			11.工場								
			12.倉庫								

6) 都心宅地：夜になっても減らない自動車の走行。夜間の道路工事や建設工事。スタジアムなどでの観衆のたてのり。
7) 都心商業地：強風時における高層建築物の風揺れ。高層建築物のビル風による周辺建物の振動。遠地地震による高層建築物や免震建物の長周期水平振動。高架道路・高架鉄道のような高架橋からの交通振動。地下鉄や地下道路のような地下からの交通振動。
8) 工場地帯：大きな振動を発生させる工場。特に金属加工工場などは要注意。埋め立て地盤における大型車からの交通振動の伝搬。

(2) 振動源特性

振動の種類が特定されたら、振動源の位置、大きさ、振動数、継続時間などを定量的にチェックする（**6章**参照）。例えば、

1) 工場：工場の敷地境界でどの程度の大きさか。発生する振動は連続的か、衝撃的か。工場の操業時間はどうなっているか。夜間操業はないか。工場敷地からどのくらい離れているか。振動の指向性はないか。
2) 鉄道：軌道の敷設は地表面か、高架か、地下か。軌道でどの程度の大きさの振動が発生しているか。列車速度により振動はどのくらい違うか。列車と列車の通過間隔はどのくらいあるか。列車の車両数と通過に要する時間はどの程度か。上りと下りが同時に通過するとどのくらい振動は増加するのか。貨物列車の通過の有無。
3) 道路交通：道路の高さは地表面か、高架か、地下か。縁石でどの程度の大きさの振動が発生しているか。ダンプなどの大型車が多く走行する時間帯はいつか。道路の補修状態は良好か。道路の混雑状況（時間帯と程度）はどうか。
4) 工事：解体や掘削などの大きな振動が発生しやすい工事はいつになるか。工事に用いられる建設機器から発生する振動の大きさと振動数はどの程度か。可能な限り工事着工前の状況把握。
5) 空港：滑走路からの距離と方向はどうなっているか。
6) 発破：採石場の稼働状況はどうか。トンネル工事の予定はないか。

(3) 地盤特性

環境振動では、特に表層付近の地盤特性が重要である。表層付近の地盤が以下のどれに該当するかを調べ、外部振動源から建物に届くまでに振動がどの程度減衰するか、また建物が建つ地盤の卓越振動数で振動がどの程度増幅するかをチェックする（7.1参照）。

　1) 砂質、2) 粘土質、3) 砂礫質、4) 岩盤、5) 関東ローム、6) 埋立、7) 切土・盛土

15.2　内部空間のチェック

(1) 建築用途

使用目的に対応した振動容認限界がどの程度のレベルになるかをチェックする（1.6参照）。

　1) 住宅：（ⅰ）戸建て、（ⅱ）タウンハウス、（ⅲ）アパート、2) 病院、3) ホテル、4) 劇場（映画館）、5) 福祉施設、6) 美術間・博物館、7) 図書館、8) 店舗、9) オフィス、10) 学校、11) 工場、12) 倉庫

(2) 建築規模

建物の高さ（階数）を中心に、アスペクト比（高さと幅の比）や平面形状などをチェックする（8.2(1) 参照）。

　1) 平屋、2) 2階建て、3) 3階建て、4) ペンシルビル、5) 中層、6) 高層、7) 超高層

(3) 行為・行動

建物の中で人が歩行、走行、跳躍などにより振動を引き起こす場所とそこで発生する大きさをチェックする（6.2(1) 参照）。

　1) 睡眠、2) 食事、3) 入浴、4) 団らん、5) 歩行・走行、6) 跳躍、7) 演奏、8) 接客、9) 机上作業、10) 精密作業、11) 工場作業

(4) 使用機器・設備

建物の中で振動を発生する機器・設備がどこに置かれ、どの程度の大きさ・重さになるかをチェックする（6.2(2) 参照）。

1) 空調機、2) 洗濯機、3) 発電機、4) ボイラー、5) 楽器、6) オーディオ、7) エレベーター、8) エスカレーター

15.3 建物躯体のチェック

(1) 構造種別

躯体に使用する材料・工法により建物内部における振動がどの程度増幅あるいは減衰するかをチェックする（**8.2、8.3**参照）。

1) 木造・在来工法、2) 木造・枠組壁工法、3) 軽量鉄骨、4) 重量鉄骨、5) RC造、6) SRC造、7) ハイブリッド

(2) 構造形式

構造形式により建物内部の振動がどの程度増幅あるいは減衰するかをチェックする（**8.2**参照）。例えば多層建築物の場合、

1) ラーメン構造、2) 壁付きラーメン構造、3) ブレース付きラーメン構造、4) フラットスラブ構造、5) 壁構造、6) 免振構造、7) 制振構造

(3) 基礎形式

外部振動源からの振動が基礎を経て建物内部にどの程度伝搬するかを調べるために、以下のような基礎の種類と設置状況をチェックする（**8.1**参照）。一般的には、基礎は地盤との接触面積が大きいほど、剛性が高いほど、重量は重いほど環境振動に有効である。

1) 束石基礎、2) フーチング基礎、3) 布基礎、4) ベタ基礎、5) 杭基礎：（ⅰ）摩擦杭、（ⅱ）支持杭、6) ケーソン基礎

15.4 評価方法のチェック

振動評価にどのような基・規準あるいは指針を用いたかをチェックする。例えば、

1) 日本建築学会「居住性能評価指針」（**10.1**参照）、2) 振動規制法（**10.3**参照）、3) ISO 2631-1（**10.2 (1)**、**(2)** 参照）、4) ISO 2631-2（**10.2 (3)**、**(4)**

参照)、5) ISO 6897（**10.2 (5)** 参照)、6) ISO 10137（**13.7 (1)** 参照)

15.5　事前・事後対策のチェック

　事前・事後対策として過去においてどのような方法が取られたかをチェックする。例えば、

　1) 地盤改良（**12.2(1)** 参照)、2) 防振溝（**12.2(2)** 参照)、3) 地中壁・列柱（**12.2(3)** 参照)、4) 剛性・質量付加：小梁の増設、床の増し打ち（**12.4(1)** 参照)、5) 防振：防振ゴム、防振ばね、浮き床（**12.1**参照) 6) 免振：基礎免振、床免振、吊り免振、浮き免振（**12.3(2)** 参照)、7) パッシブ制振：チューンドマスダンパ、スロッシングダンパ（**12.3(1) (a)**、**(c)**；**12.4(2)** 参照)、8) アクティブ制振：アクティブマスダンパ（**12.3(1) (b)** 参照)、9) 連結制振（**12.3(3)** 参照)

付録A 関連した問題

　本書は「環境振動」が人に与える影響を中心に据えて記述されている。しかし、「環境振動」のもう一つの重要な対象に集積回路の製造機器や電子顕微鏡のような精密機器がある。このような機器は嫌振機器とも呼ばれている。嫌振機器は人よりもさらに静穏な室内振動環境を要求することが多い。一方、「騒音・振動」としばしば併記されるように、振動に対する苦情は音と切り離して考えることができない場合が多い。振動と音の境界領域である固体伝搬音と低周波音は環境振動の分野からも十分留意する必要のある問題である。

A-1　微振動と嫌振機器

　嫌振機器は、図A-1のように、人体が感じない小さな振動（微振動）でも機能障害を生じることがある[1, 2]。嫌振機器は固有の振動特性を有し、機能障害

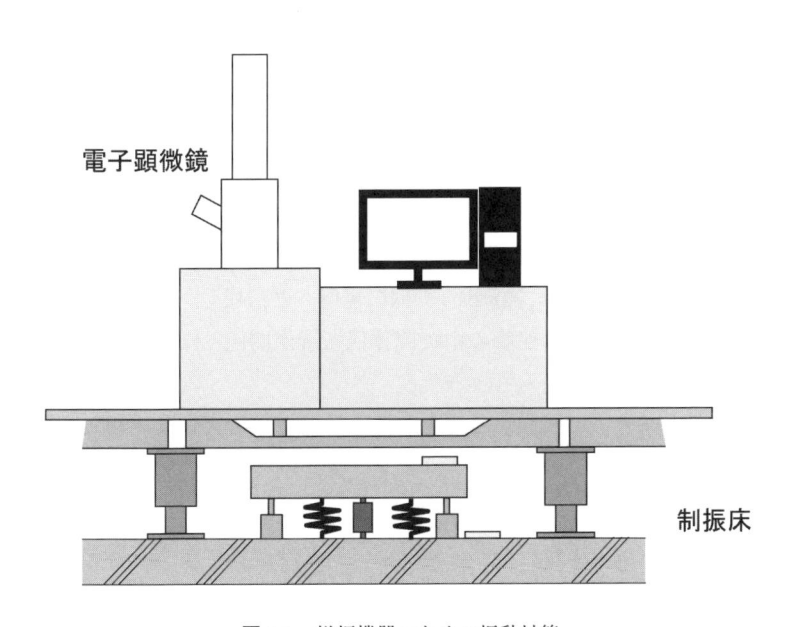

図A-1　嫌振機器のための振動対策

が生じる振幅や周波数領域はそれぞれ異なっている。嫌振機器の許容振動限界がスペクトルの形で提示されると、建築側としては対策を立てやすいが、実際にはこのような情報が与えられることは稀である。

微振動対策においても、本書の5～8章及び10～11章の知識は重要であるが、さらに以下のような検討が行われている。

(a) 配置計画
  1) 嫌振機器は外部・内部振動源から伝搬する振動ができるだけ小さくなる場所に設置する。
  2) 嫌振機器は床振動の影響が少ない柱や大梁の近くに設置する。
  3) 嫌振機器は歩行者などの通行が多い廊下や階段からの距離を十分とる。

(b) 構造計画
  1) 嫌振機器の床と振動発生源の床は梁・床の共有を避ける。
  2) 嫌振機器を設置する床の剛性を十分大きくする。
  3) 振動の発生源となる設備機器の防振対策を施す。
  4) チューンドマスなどの制振装置を設置する。
  5) 外部からの振動を遮断する防振溝を掘削する。

A-2　固体伝搬音

建物で問題となる**固体伝搬音**は、**図A-2**のように、建物の一部に衝撃や振動が加わった時、振動が躯体を伝わって他の場所へと伝搬し、壁や天井から室内に放射される音である[3]。建物の中で固体伝搬音が問題になる例としては、以下のようなものがある。
  1) 楽器やオーディオ機器から発生する重低音が壁・天井に作用し、壁・天井を振動として伝搬していき、マンション内のほかの居室で再び音を発生させる（**同図(a)**）。
  2) 地下鉄の振動が建物の基礎に入り、そこから躯体を伝搬して上階の居室に至り、壁・天井から音を発生させる（**同図(b)**）。

(a) オーディオやピアノ

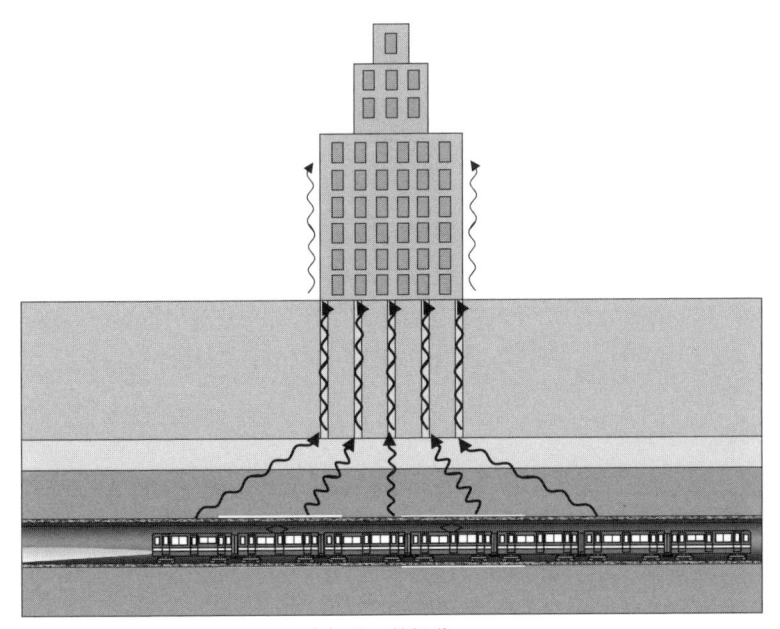

(b) 地下鉄振動

図A-2　固体伝搬音

A-3　低周波音

人間の耳に聞こえる音の周波数領域はほぼ20〜20,000Hzといわれており、この範囲を可聴域という。20,000Hz以上を超音波域、20Hz以下超低周波域といい、この超低周波域にはっきりと音として聞き取れない20〜80Hzを加えた1〜80Hzが低周波音の周波数領域として括られる。

低周波音の苦情には、建具のがたつきのような物理的影響、いらいら感、圧迫感などの心理的影響、頭痛、耳鳴り、吐き気などの生理的影響がある[4]。原因となる機器としては、送風機、圧縮機、ポンプ、ボイラー、プレス機などがある。最近では、風力発電の風車から発生する低周波音が社会的な問題になった（図A-3）。

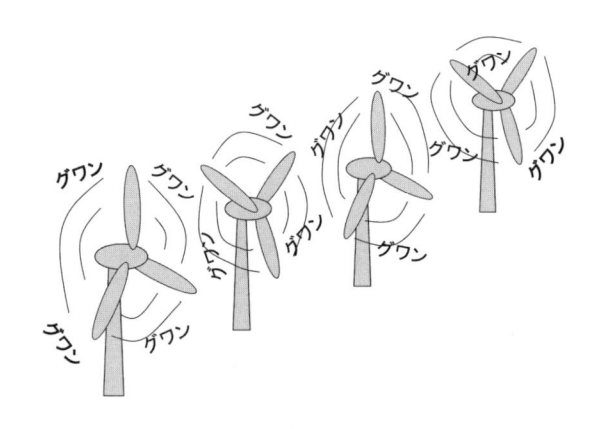

図A-3　風力発電による低周波音の発生

参考文献

1) 河村政美：構造設計における床微小振動対策、第4回環境振動シンポジウム資料、日本建築学会、p.13-18、1986
2) 渡辺清治：工場施設における床微小振動の実態、第4回環境振動シンポジウム資料、日本建築学会、p.19-24、1986
3) 日本騒音制御工学会（編）：騒音制御工学ハンドブック、基礎編、第8章　固体音、技法堂、2001
4) 日本騒音制御工学会（編）：騒音制御工学ハンドブック、基礎編、第9章　低周波音、技法堂、2001

付録B 日本建築学会における委員会活動

　日本建築学会環境振動委員会が発足する以前、日本列島は矢継ぎ早の東京オリンピック（1964年）とEXPO'70（大阪万博1970年）の開催に向けて活気づいており、新幹線や高速道路の着工と大型建設が至る所で行われる状況になっていた。その工事を含め資材搬送のために、一気に騒音・振動環境は悪化に陥った。一方、戦後からの急激な人口増加に伴う大量の住宅供給に迫られ、各種環境要素に対する量産住宅の性能確保への機運が高まっていた。そのような状況下の1973年、日本建築学会の委員を中心とする住宅性能大型試験装置開発委員会（通商産業省—委員長：平山嵩）が発足し、次年度には住宅性能標準化のための調査委員会（通商産業省工業技術院—委員長：斉藤平蔵、1974-1983年度）に移行して、量産住宅のJIS化に向けた活動が開始された。

　この委員会内の振動部会（部会長：山田水城）の作業実績が評価され、環境工学委員会建築音響分科会（主査：長友宗重）の好意の下に、当該分科会名称を一時的に「建築音響・振動分科会」と改称して先の振動部会メンバーをオブザーバー委員とする「振動小委員会（主査：後藤剛史）」が仮設置された。この小委員会で議論の末「環境振動」の名称が誕生し、その2年後（1982年）には「環境振動委員会」として独立した。その時点で、「建築音響・振動分科会」は「音環境運営（小）委員会」と改称した。それから30年という年月が経過している。

　当初の活動は、発足した委員会の基礎固めと将来展望の検討を中心に据えるとともに、構成委員の中にISO-TC108（全身暴露委員会—機械学会）の委員が複数いたこともあり、ISO2631に関連する一連の改訂作業への対応に力を注いだ。その後、1979年に20号台風が日本列島を縦断した際、強風による高層建築物の振動問題が居住性の観点から大きく浮かび上がり、日本建築学会構造委員会鋼構造運営委員会からの要請もあり、1991年には「建築物の振動に関する居住性能評価指針・同解説」を刊行する運びとなった。さらに、都市部での3階建て木造住宅が増加の一途をたどり、年間3万戸を越える状況を維持するようになったことから、低層建物の水平振動も考慮に入れて2004年には先の「指針・同解説」の改定版を刊行した。これは日本建築学会環境工学委員会が

定めるAIJES（建築と都市の環境基準）の第1号（AIJES-V001-2004）となっている。

　現在（2012年）の「環境振動委員会」は、評価小委員会、測定分析小委員会、制御技術小委員会、設計小委員会の4つの小委員会と運営委員会直属の3つのワーキンググループで構成されている。評価小委員会は、10年ごとを目安とする「建築物の振動に関する居住性能評価指針・同解説」の改訂作業に向けて最新の情報を蓄積するとともに、ISOの関連基準の改定時に専門家としての意見を提案するといった中心的役割を担っており、もっとも古く1982年（当時の名称はISO小委員会）以来活動が引き継がれている。測定分析小委員会は、屋内加振源（人間活動・設備機器）、屋外加振源（交通振動・建設作業振動など）に対する標準的な測定法の提案を目標として活動している。1986年（当時の名称は測定法小委員会）以来活動が引き継がれており、初期段階で測定法マニュアルを出版している。制御技術小委員会は、環境振動の予測と事前／事後対策を検討している。1995年（当時の名称は予測小委員会）以来活動が引き継がれており、第26回環境振動シンポジウム（2008年）で対策検討事例集を公開している。設計小委員会は、2007年（当時の名称は性能設計法小委員会）以来活動している新しい委員会で、環境工学と構造工学の橋渡しをする目的で設立され、2010年には環境振動ハンドブックを出版している。

参考文献

1) 後藤剛史：「(1) 草創期」、2.1　環境振動運営委員会の変遷、環境振動研究のあゆみ（Ⅱ）、pp.2-3、2012
2) 石川孝重：居住性能評価指針改定と環境振動性能ハンドブック、第30回環振資料、pp.25-34、2012
3) 濱本卓司：環境振動に関する学会活動の現況、第30回環振資料、pp.15-20, 2012

付録C 「環境振動シンポジウム」の全体テーマと講演タイトル

　日本建築学会環境振動委員会における活動の核となっているのは、発足当初から毎年欠かさず開催されている「環境振動シンポジウム」である。すでに30回（2011年度現在）を数えるシンポジウムのテーマは、その時期の環境振動分野における主要な活動内容と関心対象を知る上で貴重である。シンポジウムで取り上げられたテーマを、時代を追って眺めてみると、大きく3つの時期に分けられる。第1期は、主に振動源別に測定方法、振動源特性、伝搬経路、振動予測／対策、及び性能評価の現状を整理した時期、すなわち「旧・環境振動マトリクス」の「行」をシンポジウムのテーマとして取り上げた時期である。第2期は、測定方法、振動源特性、伝搬経路、振動予測／対策、性能評価といった検討項目別に各振動源の共通点と相違点を比較検討した時期、すなわち「旧・環境振動マトリクス」の「列」をシンポジウムのテーマとして取り上げた時期である。第3期は、性能設計という新しいフレームワークの中で環境振動を位置づけるとともに、個々の環境振動問題を統合して都市問題としての観点を模索した時期、すなわち「旧・環境振動マトリクス」の全要素を総合的に捉えようとした時期である。

　環境振動分野におけるこれまでの研究対象の変遷を整理する目的で、「環境振動シンポジウム」における各年度の全体テーマと主題解説の講演タイトル（発表者名）を以下に示す。本書の内容はこの「環境振動シンポジウム」の30年にわたる蓄積に負うところが少なくない。

Ⅰ. 定期シンポジウム

第1回（1983）「交通機関と環境振動」

　道路振動の実態について（時田保夫）、道路振動の伝播について（成瀬治興）、道路振動の予測法について（成田信之）、新幹線鉄道の振動について（吉岡修）、新幹線沿線建物の防振工法について（大熊勝寿）、地下鉄からの振動について（橘秀樹）

第2回（1984）「建設工事と環境振動」
　建設工事における環境振動の現状と課題（中島威夫）、建設工事振動～基礎工事を中心として～（渡辺弘之）、建設工事振動～解体工事を中心として～（櫛田裕）、設計監理の立場から建設工事振動を考える（川村政美）、建設工事環境改善技術について（水野二十一）、建設工事騒音・振動の評価手法について（久我新一）

第3回（1985）「環境振動に関する基準および評価法」
　日本における振動測定評価法／振動規制法（志村正幸）、公害振動の測定評価法（井上勝夫）、床衝撃試験方法および評価法～JIS案～（上田周明）、外部振動源による床振動測定法および評価法～JIS案～（櫛田裕）、国際基準及び評価法／ISO2631～全身振動暴露評価指針～（出口清孝）、ISO2631/ADD1～建物内振動～およびISO2631/ADD2～0.1-0.63HzのZ軸振動評価～（池田覚）、ISO6897～構築物の長周期水平振動～（後藤剛史）、諸外国における基準および評価法（塩田正純）

第4回（1986）「建物の用途と床振動」
　マクロ振動を中心として／屋内スポーツ施設における床振動（小野英哲）、海洋建築物における床振動（後藤剛史）、ミクロ振動を中心として／構造設計における床微小振動対策（川村政美）、工場施設における床微小振動の実態（渡辺清治）

第5回（1987）「建築設備と環境振動」
　建築設備による振動の諸問題と展望（安岡正人）、建築設備機器の振動源特性（岡田建）、建築設備機器の振動実測例（麦倉喬次）、建物における固体音の伝搬（田中洪）、浮き床構造の振動伝達特性（井上勝夫）、建築設備による床構造の応答特性（広松猛）、建築設備機器の防振（吉田甚一郎）

第6回（1988）「構造領域から見た環境振動」
　環境振動の立場から（長友宗重）、構造領域からみた環境振動評価（塩谷清人）、構造設計の立場から見た環境振動（寺本隆幸）、ISO/TC98にみる環

境振動の取り扱い動向（石山祐二）、免震構造と環境振動（和泉正哲）、人体感覚による震度階見直しについて（渡部丹）

第7回（1989）「振動計測法の現状と問題点」

環境振動の計測法の歴史的経緯と規格化の歩み（時田保夫）、振動計測・解析法の現状／環境系（安藤啓）、構造系（箕輪親宏）、文献調査による計測・解析法の現状（測定法WG）、振動計測・解析技術／最新のOEデバイスを用いた高感度サーボ加速度計振動センサーの構造と原理（鹿熊英明）、環境振動計測システムにおける最新のソフトウェア技術動向（坂本見恒）、FFT・ハードの現状と将来（玉川康雄）

第8回（1990）「地盤における振動の伝搬実態」

トンネル・地下工法等による振動伝搬（船津弘一郎）、発破による振動伝搬（国松直）、発破振動の伝搬と建物の応答（雑喉謙）、地下鉄からの振動伝搬（益田勲）、地震時の振動伝搬（瀬尾和大）

第9回（1991）「診断技術と環境振動」

建物の振動診断によせて（出口清孝）、機械設備の振動・騒音の苦情の診断と対策（塩見弘）、建設機械の振動診断と技術開発（村松敏光）、測定機器と振動診断（横田明則）、感覚評価と振動診断（米川義時）、建物振動の実態と行政（青木一郎）

第10回（1992）「環境振動：過去・現在・未来」

各分野にみる環境振動／医学（斉藤正男）、機械工学（金光陽一）、土木工学（梶川康男）、航空工学（幸尾治朗）、特別講演／カナダ振動基準の概要およびその効果（H. RAINER）、振動規制法の成立と成果（長友宗重）

第11回（1993）「環境振動測定・評価の現状と問題点」

環境振動測定法の現状と問題点／測定・分析に用いる機器について（井上勝夫）、公害振動の測定と評価について（福原博篤）、床振動の測定と評価について（鶴巻均）、環境振動測定と評価／環境振動測定機器（松井正宏）、公

害振動の測定と評価（横田明則）、床振動の測定と評価（平松和嗣）

第12回（1994）「環境振動の制御技術の現状」

制振・免振技術の現状（藤田隆史）、振動監視技術の現状（狩野浩之）、鉄道振動の制御技術の現状（安藤啓）、道路橋交通振動制御技術の現状（川田充郎）、微振動の制御技術の現状（竹下幸治）、振動利用技術の現状（坂場晃三）

第13回（1995）「建築物における未来環境と振動」

未来住宅における振動の利用（森俊之）、超高層建築物の振動（後藤剛史）、海洋建築物と振動（登川幸生）、宇宙構造物と振動（難波治之）、超長大橋の振動（藤野陽三）

第14回（1996）「環境振動に期待するもの～環境振動における予測・解析・評価～」

振動発生源の領域／鉄道軌道系（川久保政茂）、建築設備系（峰村淳雄）、風外力系（宮下康一）、振動伝搬・解析の領域／土質・地盤系（長瀧慶明）、地盤・建物系（吉原諄一）、床構造系（橋本義之）、振動評価の領域／床振動評価（横山裕）、体感振動評価（野田千津子）、ISO振動規格（横田明則）

第15回（1997）「環境振動の制御技術」

振動発生源の制御技術／振動源の発生パワーの低減（蓮田常雄）、防振技術とその効果（川久保政茂）、振動伝搬系における制御技術／絶縁技術と効果（川上福司）、免震技術の応用（寺村彰）、受振系における制御技術／TMDによる制御効果（松浦章）、制振装置による防止対策（塩谷清人）、除振装置を用いた微振動対策（水野孝元）、振動防止効果の測定法と評価法／体感振動について（鶴巻均）、固体音領域の振動について（平松友孝）

第16回（1998）「環境振動における要求性能への対応」

ユーザ（居住者）からの要求性能（中尾正）、産業関連振動制御の問題点（背戸一登）、要求性能に対する設計の具体化（野村好男）、性能確保のための施

工法・制御技術（本間俊雄）、規制・基準の現状と今後の動向（高橋尚人）、現在の研究状況及び今後必要な研究内容（石川孝重）

第17回（1999）「環境振動予測の現状と今後の課題」

環境振動予測の現状と今後の課題／環境振動の主な振動源（高津熟）、振動伝搬予測／地盤振動の解析（吉村正義）、地盤振動の実例と解析（長瀧慶明）、地盤—基礎、柱・梁の解析（藤橋克己）、床版の解析（吉原諄一）、環境振動の解析システム（塚越治夫）、環境振動予測の事例／外部振動源による応答予測と対策（樫村俊哉）、内部振動源による応答予測と対策（横山裕）

第18回（2000）「性能設計に向けた環境振動評価」

居住性能評価の現状（石川孝重）、設計者からみた居住性能評価指針（塩谷清人）、居住者からの要求性能（横島潤紀）、国際規格の動向（前田節雄）、性能設計に向けての今後の取り組み（塩田正純）

第19回（2001）「多様化する環境振動2001～環境振動の諸問題と変化～」

環境振動の新しい傾向（濱本卓司）、未来社会のライフスタイル像（木村東一）、都市交通システムの変化（益田勲）、建築物の複合化・大規模化による環境変化（橋本嘉之）、要求性能の多様化による建築の変化～多様化する要求性能の全体像をどう把握するか～（真鍋恒博）、性能設計と環境振動（井上勝夫）

第20回（2002）「環境振動の発展と今後の課題」

環境振動評価に関する国内外の違い（前田節雄）、Future Development of Vibration in Building and Related Problems（Talaat Tantawy）、最近の環境振動事例（塩谷清人）、鉄道軌道の防振の現状（川久保政茂）、海洋建築物の動揺と居住性（野口憲一）、風制振の動向（北村春幸）

第21回（2003）「環境振動を重視した設計へ向けて検討すべき課題」

構造設計における環境振動の位置づけ（近藤実）、戸建て住宅設計における環境振動の位置づけ（石崎功雄）、ハイブリッド木造床の振動特性と設計（鈴

木秀三)、鉄道における乗り心地設計(高木健)、環境振動とヘルスモニタリング(岩城英朗)、環境振動を重視した設計に向けて～居住性能評価指針の改訂にあたって～(石川孝重)

第22回 (2004)　環境振動研究の将来展開～他学協会とのコラボレーションを通して～

　苦情から考える環境振動問題(鹿島教昭)、機械工学における環境振動とは(丸田芳幸)、構造物―地盤系の動力学から見た環境振動の予測と対策(武宮宏和)、土木分野における環境振動(古田勝)、新幹線鉄道の予測計算と盛土の物性調査(吉岡修)、環境振動の測定・評価に関する国際規格の動向(吉川教治)

第23回 (2005)　「訴訟問題から見た環境振動研究の方向性」

　消費者の相談内容にみる環境振動問題の現状(工藤忠良)、訴訟事例にみる環境振動問題の現状(斉藤隆)、建築設計と環境振動対策の実情(吉江慶祐)、建築物の環境振動対策方法と効果(1)(石橋敏久)、建築物の環境振動対策方法と効果(2)(小島由紀夫)、居住空間における環境振動の評価(横山裕)、法的判断～評価基準と受忍限度～(大森文彦)

第24回 (2006)　「都市型環境振動対策～実務からのアプローチ～」

　都市環境振動リスクの顕在化(濱本卓司)、都市生活の多様化に伴う環境振動と音との境界領域問題の事例(福原博篤)、地下鉄から地盤・建物への振動伝搬特性について(藤井光治郎)、吊り免振工法による鉄道高架下ホテル(大迫勝彦)、コンバージョンにおける環境振動問題(藤井俊二)、超高層ビルの制振によるゆれ対策の最近の事例(浅野美次)、都市における環境振動とその周辺要因の複合評価について(横島潤紀)

第25回 (2007)　「環境振動の性能設計はどこまで可能か」

　床振動測定用標準衝撃源としてのインパクトボールの有用性(冨田隆太)、ボイド合成床板の振動測定(佐藤眞一郎)、エアロビクスによる床振動とその対策事例(田中靖彦)、工場地帯における外部振動による床振動とその対

策（中山昌尚）、歩道橋の振動と性能設計（梶川康男）、客船の防振に関する性能設計事例（柳和久）、環境振動性能設計の確立に向けて（濱本卓司）

第26回（2008）「環境振動の現状と新たな視点～対策検討事例と社会ニーズを通して～」

環境振動問題に対する対策検討事例集の位置づけ（志村正幸）、環境振動問題に対する対策検討事例集の内容紹介（増田圭司）、窓外景観による振動知覚（後藤剛史）、長周期地震動と超高層建物の室内環境（斉藤大樹）、免震建物と環境振動（安井八紀）、低周波音と環境振動（落合博明）

第27回（2009）「設計フローと性能ランクの構築に向けて」

風荷重に関する環境振動設計と例題（小泉達也）、交通振動に関する環境振動設計と例題（吉松幸一郎）、床仕様と振動性能～品確法の評価項目への提案～（横山裕）、顧客の価値観に基づいた振動性能ランクの提案（野田千津子）、構造制御と環境振動（長島一郎）、地盤調査と環境振動（高野真一郎）

第28回（2010）「環境振動における予測・シミュレーション技術の最前線」

シミュレーションとモデル化（北村泰寿）、工場振動対策に対する解析・対策事例（川満逸雄）、工事振動に対する地盤―基礎―建物 一体モデルによる解析（石橋敏久）、鉄道による地盤・構造物振動の予測（鈴木健司）、流体計算による構造物の風揺れ居住性評価（小野佳之）、歩行荷重による床振動の予測（増田圭司）、エアロビクスによる床振動の対策事例（田中靖彦）、環境振動性能の明示・合意形成による苦情リスク低減の実例（樫村俊哉）

第29回（2011）「群としての環境振動」

環境振動の広域高密度モニタリング（濱本卓司）、センサネットワークの現状と展望（倉田成人）、建設環境のビジュアルモニタリング（後久卓哉）、千葉市サウンドマップ～音情報掲載電子地図～（松島貢）、地盤振動問題に関するシミュレーション解析事例（西村忠典）、地盤情報データベースの連携と公開（大井昌弘）、自動車騒音の面的評価（木村康博）

第30回（2012）「新しい視点で今後の環境振動を考える」
　心地よい振動に関する研究と開発（川島豪）、鉄道車両の乗り心地評価（鈴木浩明）、環境振動に関する学会活動の現況（濱本卓司）、性能評価指針刊行に関わる推移（後藤剛史）、居住性能評価指針改定と環境振動性能設計ハンドブック（石川孝重）、今後の性能評価指針と設計指針のあり方（横山裕）

第31回（2013）「住まいに入り込む環境振動」
　建物を取り巻く振動環境の把握（濱本卓司）、振動防止行政の現状と課題：道路交通振動（稲井康弘）、建物振動の実測例（平尾善裕）、戸建て住宅における環境振動対策事例（川本聖一）、住まいと環境振動の関わり（後藤剛史）、住まいの環境振動の見える化（小泉達也）

Ⅱ. その他の企画

　日本建築学会では環境振動をテーマとしたシンポジウムを開催している。以下の2つのシンポジウムは、環境振動の委員会が設立される前に「音・振動シンポジウム」として開催されている。

第17回音・振動シンポジウム（1981）「各領域から見た環境振動」
　環境振動とは（安岡正人）、振動と睡眠（山崎和秀）、振動と動揺病（岡田晃）、振動と建築設備（長友宗重）、振動と建築構造（渡部丹）、振動と居住性（後藤剛史）、環境振動と建築計画（山田水城）

第20回音・振動シンポジウム（1982）「屋外機械類を原因とする環境振動」
　環境振動と機械振動にみる測定法の違い（大熊恒靖）、屋外機械振動の振動特性（渡辺清治）、産業機械振動の地盤への伝搬（高津熱）、地盤振動の建物への伝搬（櫛田裕）

　居住性能評価指針（1st）の出版を前に、鋼構造運営委員会との共催の形で以下のシンポジウムが開催された。

「建物の振動性能評価に関するシンポジウム」（1989）
　床振動の評価／振動性能評価基準の概要（上田周明）、性能評価の考え方（大

熊勝寿)、加振外力について(小野英哲)、床振動性状の実態(櫛田裕)、水平振動の評価／建物の強風応答と性能評価の考え方(田村幸雄)、性能評価基準の概要(後藤剛史)、応答評価の方法(大熊武司)、性能評価例(中村修)

　居住性能評価指針 (2nd) が出版された2004年には、札幌で開催された日本建築学会大会の環境工学部門パネルディスカッションが開催された。
2004年度大会環境工学部門パネルディスカッション「環境振動の性能評価に向けて」
　環境振動に関するトラブルと性能評価について(井上勝夫)、居住性能評価指針改定の意義と評価(塩谷清人)、構造設計における環境振動の位置づけ(小泉達也)、免振・制振の効果と性能表示(三橋建)、環境振動の新たなパラダイム(濱本卓司)

結びにかえて

　本文でも記したが、「環境振動」という用語が日本建築学会の委員会名称として誕生したことからもわかるように、「環境振動」という専門分野の歴史は建築学会環境振動委員会の歴史そのものといって良い。

　著者の一人である後藤は、委員会の草創期から今日に至る約30年間、「環境振動」の研究・教育に精力的にかかわり、広範な領域を対象とする「環境振動」の体系化に尽力してきた。その中でも特筆すべき業績は「風に対する高層建築物の長周期水平振動に関する一連の研究」であり、日本建築学会賞（1999年）や霞ヶ関ビル記念賞（1989年）の受賞を始め社会から高い評価を受けるとともに、その研究成果を実務設計で使えるように整理することにより、わが国初めての「環境振動」の基準となった日本建築学会「建築物の振動に関する居住性能評価指針・同解説」の刊行への道を開いた。

　もう一人の著者である濱本は、建築構造を専門分野としながらも、後藤に誘われ同門として環境振動委員会の活動に参加すると共に同委員会の主査を歴任し、都市において顕著になる振動源の多様性、その複合作用による複雑性、さらに時代とともに変化する変動性に着目し、従来の「環境振動」にはなかった新しい切り口で「広域高密度振動モニタリング」や「構造設計における環境振動の扱い」に関する研究と提案を行ってきた。

　今回、この二人が協力して「環境振動」の全領域をカバーする入門書の執筆を企画し、本の構成と内容に関して綿密な打ち合わせを重ねた後、キャッチボールを繰り返し、一貫性を重視しながら約3年をかけて草稿を練り上げた。入門書として一人でも多くの方に「環境振動」に興味を持っていただけるように「わかりやすさ」を心がけ、この方針に従って学術論文的な表現は極力少なくしてイラストを多用した。

　著者らの執筆の意図を深く理解した上で、説明性に優れたイラストを数多く作成してくださった藤田謙一氏に深く感謝する。鹿島出版会の橋口聖一氏の適切な助言と綿密な計画のおかげで、折しも後藤の退職時期に間に合わせて出版できる運びとなった。誠に感慨深く合わせて感謝したい。出版を前に原稿を読み返し、著者らとしては二人の協同作業によるユニークな「環境振動」の入門書ができたことを密かに満足しつつも、本書を手にして

くださった方に本当に満足していただける内容になっているかについては一抹の不安も覚えている。本書に関して忌憚のないご意見あるいはご批判をいただければ幸いである。

平成 25 年 2 月吉日

後藤剛史
濱本卓司

索 引

【あ】 ISO（International standards organization）…33、125、134
あいまいさ（Uncertainty）…20、50
アクティブマスダンパ（AMD：Active Mass Damper）…154
アクチュエータ（Actuator）…154
圧電型センサ（Piezoelectlic-type sensor）…101
アナログフィルタ（Analogue filter）…106
安全性（Safety）…18、162、170、171、173
アンダーサンプリング（Under-sampling）…110
アンチエイリアシングフィルタ（Anti-aliasing filter）…108、111

【い】 いかだ基礎（Raft foundation）…91
位相（Phase）…112
位相特性（Phase characteristics）…35
1次元波動理論（One-dimensional wave theory）…144
1次固有振動数（Fundamental natural frequency）…94
一体モデル（Integrated model）…138
移動振動源（Moving source）…141
因果関係（Causality）…191、195
インピーダンス比（Impedance ratio）…153

【う】 ウェーバー・フィフナーの法則（Weber-Fechner law）…33
ウェーブレット変換（Wavelet transform）…37、111、115
ウォーターハンマ（Water hammer）…75
浮き免振（Vibration-proof floating floor）…156
うねり（Swell）…79、109

【え】 エアロビクス（Aerobics）…72
営業中断（Buisiness interuption）…54
AD変換（Analogue-Digital conversion）…100、109
エイリアシング（Aliasing）…110
S波（Secondary wave）…83
S/N比（Signal/Noise ratio）…105
FFTアナライザー（FFT analyzer）…100、116

FBG型光ファイバー（FBG-type optical fiber）…102
MEMS（Micro Electro Mechanical Systems）…103、190
MEMSセンサ（MEMS sensor）…10、190
円振動数（Circular frequency）…30
遠地地震（Distant earthquake）…54、78
鉛直振動（Vertical vibration）…23、59、67、68、94、104、121、145、155

【お】オイルダンパ（Oil damper）…151
覆い（Envelope）…24
オクターブバンド（Octave band）…37
オクターブバンド分析（Octave band analysis）…36、37、108、111、114
オーバーオール値（Overall value）…36、140、143
オーバーサンプリング（Over-sampling）…110
オフセット調整（Offset conditioning）…98、105
折り返しノイズ（Folding noise）…111
温冷受容器（Thermal receptor）…41

【か】海震（Seaquake）…87
快適性（Comfortability）…18、126、127、165
快適性減退境界（Reduced comfort boundary）…127
外半規管（Horizontal canal）…44
外部振動源（Exterior source）…65、70、72、81、91、96、141、145、152、174、178、202
海洋構造物（Marine structure）…174
加加速度（Jerk）…31
家具・什器（Furniture）…23
学習能力（Learning ability）…48
確率過程（Stochastic process）…37
確率論的（Probabilistic, Stochastic）…35
過剰設計（Overdesign）…161
風直交方向振動（Across-wind vibration）…77
加速度（Acceleration）…31
加速度センサ（Acceleration sensor）…98、100、117
カルマン渦（Karman vortex）…77
感覚受容器（Sense receptor）…41

環境（Environment）…17
環境工学（Environmental engineering）…23
環境振動（Environmental vibration）…17、161
環境振動マトリクス（EVM：Environmental Vibration Matrix）…24
環境振動単純マトリクス（Simplified EVM）…26
環境振動複合マトリクス（Compounded EVM）…26
間欠振動（Intermittent vibration）…40、68
管理基準（Management criteria）…194
管理システム（Management system）…195

【き】基準（Standard）…22
規準（Code）…22
起振機（Vibration generator）…95
基礎構造（Substructure）…89
基礎免震（Base seismic isolation）…154
基礎免振（Base vibration isolation）…155、204
既存建物（Existing building）…71、89、137、138、147、149
機能性（Functionality）…18、79、127、170、173
逆問題（Inverse problem）…135、147
キャリブレーション（Calibration）…98
球形嚢（Saccule）…44
休息妨害（Rest deprivation）…50
仰臥位（Dorsal position）…57、126
境界条件（Boundary condition）…146、147
共振現象（Resonance Phenomenon）…37、94、144
局部振動（Local vibration）…23、93、164
居住環境（Habitat）…18、172
居住者反応調査（Resident reaction survey）…48
居住性（Habitability）…18、79、121、165、166、170、173
居住性能評価指針（Guidelines for evaluation of habitability）…38、121、132、133、164、184
許容（Acceptance）…20、162
許容限界（Acceptable limit）…22、23
許容損傷状態（Acceptable damage state）…161

許容値（Allowed value）…161
距離減衰（Geometric attenuation）…84、142
距離減衰式（Attenuation equation）…84、143
筋感覚（Muscular sense）…46
金属ばね（Metallic spring）…150

【く】杭基礎（Pile foundation）…89
空気ばね（Air spring）…151
苦情（Complaint）…70、128
苦情限界（Untolerable limit）…128
クリッピング（Clipping）…105
クロススペクトル（Cross-power spectrum）…112、113
群衆振動（Crowd-induced vibration）…176

【け】継続時間（Time duration）…38、117、133、194
計測震度（Instrumental seismic intensity）…19
ゲイン（Gain）…106
ゲイン調整（Gain conditioning）…98、105
ゲイン特性（Gain characteristics）…35
決定論的（Deterministic）…35
腱感覚（Tendon sense）…46
嫌振機器（Vibration-sensitive equipment）…205
減衰（Damping）…30、112、122
減衰比（Damping ratio）…30、144、146、147
減衰動吸収器（Damped dynamic absorber）…151
建設作業振動（Construction vibration）…38、70、130
減速（Deceleration）…31
建築基準法（the Building Standards act）…165、168
建築用途（Building Use）…202

【こ】広域高密度計測（WHM：Wide-area High-density Measurement）…190
広域振動シミュレーション（Wide-area vibration simulation）…192
高架鉄道（Elevated railway）…68
高架道路（Elevated road）…65、67
交感神経系（Sympathetic nerve system）…52

公害振動（Vibration pollution）…118、142、190
剛基礎（Rigid foundation）…69、70
工場振動（Factory vibration）…38、130
合成基本曲線（Combined direction contour）…128
高層建築物（High-rise building, Tall building）…45、52、76、78、121、128、153、174
構造安全性（Structural safety）…165
構造規模（Structural size）…23、94
構造躯体（Structural system）…23
構造形式（Structural type）…23、93
構造工学（Structural engineering）…24
構造種別（Structural classification）…23、92、93
構造設計（Structural design）…161、183
構造部材（Structural member）…23
構造変更（Structural modification）…156
高速フーリエ変換（FFT：Fast Fourier Transform）…36、111、112、116、191
交番荷重（Alternating load）…77
後半規管（Posterior canal）…44
抗力（Drag force）…77
個人的要求性能（Individual required performance）…167、170
固体伝搬音（Structure-borne noise）…68、74、206
固定式海洋建築物（Fixed marine building）…79
固定式海洋構造物（Fixed offshore structure）…128、174
固定振動源（Stationary source）…141
小走り（Dogtrot）…72
コヒーレンス（Coherence）…113、114、116
固有振動数（Natural frequency）…34、37、94、113、125、146、147、172

【さ】座位（Seated position）…57、126
再現期間（Return period）…38、122、162
最大値（Maximum value）…32
最低必要条件（Minimum requirement）…162
作業効率（Working efficiency）…48、54
サーボ型センサ（Servo-type sensor）…102

サブストラクチャー法（Substructure method）…92
三半規管（Semicircular canal）…43、44、45
サンプリング間隔（Sampling time）…109、110
サンプリング振動数（Sampling frequency）…110
1/3 オクターブバンド（1/3 octave band）…37、115、127
1/3 オクターブバンド分析（1/3 octave band analysis）…36、108、191

【し】GIS（Geographic Information System）…190
CEB（Comite Euro-International du Beton）…183
シールド効果（Shielding effect）…191
視覚（Visual sense）…45
時間軸（Time axis）…30
時間—周波数特性（Time-frequency characteristics）…35
時間—周波数分析（Time-frequency analysis）…37
時間率振動レベル（Percentile vibration level）…115
時間領域（Time domain）…34、111
時刻同期性（Time synchronization）…112
時刻歴波形（Time history profile）…30、34、142
事後対策（Post-event measure）…23、158、193
指針（Guideline）…22
地震（Earthquake）…17、20、22、31、38、52、65、76、87、97、140、162、168、170、182、194、199
システム同定（System identification）…116
姿勢（Posture）…23、57、128
耳石（Otolith）…44
耳石器（Otolith apparatus）…43、44
自然振動源（Natural source）…164、168、169
事前対策（Pre-event measure）…23、158、193
時定数（Time constant）…117、130
実効値（Root mean squared value）…32、63、117
実体波（Body wave）…83、142
至適特性（Optimal property）…119、120
地盤改良（Soil stabilization）…92、152
地盤—構造物相互作用（Soil-structure interaction）…92

地盤振動（Ground vibration）…58、67、91、99、141
地盤増幅（Site amplification）…142、143
地盤柱状図（Boring lot）…144
GPS（Global Positioning System）…190
シミュレーション（Simulation）…141
シミュレーションモデル（Simulation model）…193
社会的影響（Social impact）…47、54
社会的要求性能（Social required performance）…168、170
遮断振動数（Cut-off frequency）…108、109、114
周期（Period）…30
周期関数（Periodic function）…36
柔基礎（Flexible foundation）…69、70
周期的振動（Periodic vibration）…35、126、127
周波数（Frequency）…30
周波数応答関数（Frequency response function）…112
周波数重み付け曲線（Frequency weighting curve）…59、128
周波数分析（Frequency analysis）…111
周波数特性（Frequency characteristics）…35、108
周波数領域（Frequency domain）…35、101、111
周辺環境（Neighborhood environment）…22、98、166
手腕振動（Hand-transmitted vibration）…52
瞬時値（Instantaneous value）…32、130
順問題（Forward problem）…135、147
衝撃振動（Impulsive vibration）…33、40、85、122、133、194
情緒不安定（Emotional instability）…47
初期位相（Initial phase）…30
恕限度（Tolerable upper limit）…121、165、167、169
触覚受容器（Tactile receptor）…41
使用限界状態（Serviceability limit state）…182
仕様設計（Specification design）…165、184
使用段階（Service stage）…149
常時微動（Microtremor）…38、84

上部構造（Superstructure）…89、91、92、93、94、155
自律神経系（Autonomic nervous system）…51、52
侵害受容器（Nocireceptor）…41
新幹線（the Shinkansen）…68
神経回路（Neural circuit）…44
信号処理（Signal processing）…109、116
信号調整（Signal conditioning）…105
人工振動源（Artificial source）…140、164
人工振動源／外部（Artificial source/Exterior）…168
人工振動源／内部（Artificial source/Interior）…168、169
人体反応（Human response）…26
新築建物（New building）…71、137、138、147、149
振動（Vibration）…17、29
振動加速度スペクトル（Vibration acceleration spectrum）…115
振動加速度レベル（VAL：Vibration Acceleration Level）…33、62、116、142
振動感覚（Vibratory sense）…20、33、41、45、55、59、126
振動感覚補正（Weighting of vibration sensation）…59、62
振動環境（Vibration environment）…17、55、137、167、175、182、194、195
振動規制法（Vibration regulation act）…33、58、96、118、126、130、134、141、157
振動計測（Vibration measurement）…118
振動源（Vibration source）…21、24、99、133、138
振動刺激（Vibration stimulus）…26、48、138、163
振動受容器（Vibration receptor）…41、44、46
振動数（Frequency）…30、126、128、144、194
振動数依存性（Frequency dependency）…59
振動スペクトル（Vibration spectrum）…115
振動対策（Vibration control）…26、191
振動台実験（Shaking table test）…48、54、166
振動暴露時間（Vibration exposure time）…38、63
振動暴露量（Vibration dose value）…63、115
振動理論（Vibration theory）…83
振動レベル（VL：Vibration Level）…51、62、115、116、130

振動レベル計（Vibration level meter）…100, 116, 130
振幅（Amplitude）…30, 112
振幅依存性（Amplitude dependency）…144
振幅軸（Amplitude axis）…30
心理的影響（Psychological effects）…47, 48

【す】水平振動（Horizontal vibration）…23, 59, 67, 68, 94, 104, 146, 155
睡眠妨害（Sleep deprivation）…47, 50, 51
数学モデル（Mathematical model）…138, 145, 147
数値流体解析（CFD：Computational Fluid Dynamics）…142
スマートセンサ（Smart sensor）…104
スロッシング（Sloshing）…45, 154
スロッシングダンパ（TLD：Tuned Liquid Damper）…154

【せ】正弦波（Sinusoidal wave）…48
性能設計（Performance-based design）…118, 123, 161, 165, 184
生産効率（Production efficiency）…54
制振（Vibration control）…153
静電容量型センサ（Capacitance-type sensor）…102
精度（Precision）…190
生理的影響（Physiological effect）…47, 50, 54
設計荷重（Design load）…161
設計規範（Design criteria）…161, 169
設計指針（Design guideline）…133, 168, 183
設計段階（Design stage）…137, 147, 149
設置共振（Mounted resonance）…104
設備機器（Equipment）…74, 94, 121
センサユニット（Sensor unit）…190
全身暴露振動（Whole-body vibration）…51, 115, 125
全体振動（Global vibration）…23, 93, 94, 164
せん断波（Shear wave）…83, 152
前庭器官（Vestibular organ）…52
前半規管（Superior canal）…44

【そ】相関関係（Interrelation）…191, 195

走行（Running）…72, 94, 121
相対レスポンス（Relative response）…62
増幅器（Amplifier）…105, 116
速度（Velocity）…31
ソニックブーム（Sonic boom）…86
粗密波（Compressional wave）…83, 152

【た】耐圧版（Pressure-proof plate）…90
体感（Physical perception）…149
体感振動（Sensible vibration）…19, 74
対策（Measure）…138
対象点（Target point）…24, 99, 133, 138
耐震性能（Seismic performance）…162
耐震性能レベル（Seismic performance level）…163
耐震設計（Seismic design）…161, 165, 183
大スパン建築物（Large-span building）…77
体性感覚野（Somatosensory area）…45
大脳皮質（Cerebral cortex）…45
耐波性能（Wave performance）…174
耐風性能（Wind performance）…173
卓越振動数（Predominant frequency）…84, 144, 146, 147
多質点系モデル（Multi-degree-of-freedom model）…144, 146
縦波（Longitudinal wave）…83
たてのり（Groovy jump）…72
建物用途（Building use）…22
玉石基礎（Boulder foundation）…89
多目的ビル（Multipurpose building）…179
単振動（Simple harmonic motion）…29

【ち】チェックリスト（Checklist）…27, 199
チェビシェフフィルタ（Chebyshev filter）…109
知覚確率（Perception probability）…123, 166
知覚限界（Perception limit）…19, 128, 169, 173
地下逸散減衰効果（Dissipation damping）…92

地下鉄（Subway）…55、68

地下道路（Underground road）…65、67

地形効果（Topological effect）…144

地形図（Topological map）…144

地中壁（Underground wall）…153

中間層免震（Mid-story isolation）…155

地電流（Earth current）…105

中心振動数（Central frequency）…37、114

チューンドマスダンパ（TMD：Tuned Mass Damper）…153、157

聴覚（Auditory sense）…45、46

長寿命化（Life extension）…179

長周期鉛直振動（Long-period vertical vibration）…79、174

長周期地震動（Long-period ground motion）…54、78、172

長周期水平振動（Long-period horizontal vibration）…38、52、54、76、121、128、153、172

超低周波音（Infrasonic wave）…86

跳躍（Jumping）…72、94、121

調和振動（Harmonic vibration）…39

直接基礎（Direct foundation）…89

直接法（Direct method）…92

【つ】束石基礎（Footing of floor post）…89

束立て床（Post framed floor）…95

津波（Tsunami）…86

吊り免振（Vibration-proof suspended floor）…155

【て】低周波音（Low-frequency sound）…75、86

定常過程（Stationary process）…35、37、115

定常スペクトル（Stationary spectrum）…139

データ転送（Data transfer）…191

データベース（Database）…117、140、144、148、192

データロガー（Data logger）…117

鉄筋コンクリート造（Reinforced concrete building）…94

鉄骨造（Steel Building）…23、54、92、93、191

鉄道振動（Rail traffic vibration）…38、65

　　　　伝達関数（Transfer function）　…37、106、112、138、146、147
　　　　伝搬（Propagation）　…23、57、67、71、79、81、89、91、97、143、152、157、172、179、192、201
　　　　伝搬経路（Propagation path, Transmission path）　…22、24、92、99、133、138
　　　　伝搬速度（Propagation velocity）　…81
【と】同定（Identification）　…138、147
　　　　動吸収器（Dynamic absorber）　…151、153
　　　　動的地盤ばね（Dynamic soil spring）　…92
　　　　動電型センサ（Electrokinetic-type sensor）　…101
　　　　動特性（Dynamic characteristics）　…117
　　　　動揺病（Motion sickness）　…52、76、127、128、173
　　　　道路交通振動（Road traffic vibration）　…38、54、65、123、130
　　　　独立基礎（Independent footing）　…89
　　　　都市環境振動（Urban environmental vibration）　…194
　　　　ドップラー効果（Doppler effect）　…141
【な】ナイキスト振動数（Nyquist frequency）　…110
　　　　内部減衰（Internal damping）　…84
　　　　内部振動源（Interior source）　…94
　　　　流れ（Flow）　…22、26、27、85、86、98、138、142、161、165、175、184
　　　　軟弱地盤（Soft ground）　…84、152
【に】入力スペクトル（Input spectrum）　…138
　　　　入力損失（Input loss）　…91
【ぬ】布基礎（Continuous footing）　…89
【ね】ねじり振動（Torsional vibration）　…77、194
【の】ノンレム睡眠（Non-REM sleep）　…50
【は】ハイパスフィルタ（High-pass filter）　…106
　　　　薄層要素法（Thin layer method）　…141
　　　　白蝋病（Raynaud's disease）　…52
　　　　暴露限界（Exposure limits）　…126
　　　　暴露時間（Exposure time）　…115、126、128
　　　　波形パターン（Wave form pattern）　…124
　　　　波高率（Crest factor）　…33
　　　　発生頻度（Occurrence rate）　…38

バターワースフィルタ（Butterworth filter）…108
ハニングウィンドウ（Hanning window）…112
発破振動（Explosive vibration）…71
パチニ小体（Pacinian corpuscle）…42
波動（Wave）…83、86
波動理論（Wave theory）…83
ばらつき（Variability）…20、48、124
梁理論（Beam theory）…146
パワースペクトル（Power spectrum）…112、113
バングマシン（Bang machine）…95
バンドパスフィルタ（Band-pass filter）…106、114

【ひ】微気圧波（Air-pressure wave）…86
ピーク値（Peak value）…32
非構造部材（Nonstructural member）…23
非周期的振動（Nonperiodic vibration）…35
微振動（Microvibration）…19
ひずみゲージ型センサ（Strain gage-type sensor）…102
ビット（Bit）…110
非定常過程（Nonstationary process）…35
非定常スペクトル（Nonstationary spectrum）…139
非定常性（Non-stationarity）…115
必要経費（Required expense）…162、166
P波（Primary wave）…83
PMV（Predicted Mean Vote）…133
PPD（Predicted Percentage of Dissatisfied）…133
皮膚感覚（Cutaneous sensation）…41
皮膚感覚受容器（Cutaneous receptor）…41、46
評価（Evaluation）…22、138、194、195
評価基準（Evaluation criteria）…100、133
標本（Sample）…34、37
表面波（Surface wave）…83、142
疲労・能率減退境界（Fatique-decreased proficiency boundary）…60、126

【ふ】フィルタ切り替え方式（Switching filter scheme）…114
　　　風波（Wind wave）…79
　　　フーチング（Footing）…89
　　　フーリエ解析（Fourier analysis）…36
　　　フーリエ級数（Fourier series）…36
　　　フーリエスペクトル（Fourier spectrum）…36、112
　　　フーリエ逆変換（Inverse Fourier transform）…36
　　　フーリエ変換（Fourier transform）…36、112、115
　　　不規則かつ大幅に変動する振動（Random and variable vibration）…40、115
　　　物理現象（Physical phenomenon）…20
　　　物理パラメータ（Physical parameter）…147
　　　物理量（Physical quantity）…17、29、31、32、34、36、98、100、167
　　　部分振動（Segmental vibration）…41
　　　浮遊式海洋建築物（Floating marine building）…79、174
　　　フラッタリング（Fluttering）…77
　　　フレームモデル（Frame model）…146

【へ】平衡感覚器官（Vestibular sensation organ）…43
　　　並進振動（Translational vibration）…194
　　　平板理論（Plate theory）…147
　　　平面鉄道（Level railway）…68
　　　平面道路（Level road）…65
　　　ベタ基礎（Mat foundation）…85、89
　　　変位（Displacement）…31

【ほ】ボイドスラブ（Void slab）…94
　　　方向（Orientation）…57、126、128
　　　方向スペクトル（Directional spectrum）…139
　　　防振ゴム（Vibration-proof rubber）…150
　　　防振柱列（Vibration-proof pile group）…153
　　　防振溝（Vibration-proof drain）…152
　　　保健性（Health）…18、126、127
　　　歩行（Walking）…72、94、121
　　　補正加速度レベル（Weighted acceleration level）…62

【ま】マイスナー小体（Meissner's corpuscle）…42
マッサージ効果（Massaging effect）…53
窓関数（Window function）…112
窓フーリエ変換（Window Fourier transform）…115
マンホール（Manhole）…85
【み】見える化（Visualization）…190、193
【む】無感振動（Insensible vibration）…19
【め】メルケル触板（Merkel's disk）…42
免振（Vibration Isolation）…153
免振装置（Vibration isolator）…155
免震建物（Isolated building）…78
【も】木造（Wooden building）…23、89、92、96
モード次数（Mode number）…34、146、147
【ゆ】有感振動（Sensible vibration）…19、134
有限要素法（FFM：Finite Eement Method）…141、144、146
床振動（Floor vibration）…23、72、94、146、183
床免振（Floor vibration isolation）…155、204
ユビキタス（Ubiquitous）…190
【よ】要求性能（Required performance）…165、171
要求性能マトリクス（RPM：Required performance matrix）…162、163、168、169
用途変更（Conversion of use）…179
容認（Allowance）…163
容認振動感覚（Allowable vibratory sense）…163
揚力（Lift force）…77
横波（Transverse wave）…83
予測（Prediction）…138、147、169
予測シミュレーション（Predictive simulation）…147、193
【ら】ラブ波（Love wave）…83
卵形嚢（Utricle）…44
ランダム振動（Random vibration）…32、39、111、122、126、127、194
【り】リアルタイム方式（Real time scheme）…115
立位（Standing position）…57、126

　　　　立地特性（Site quality）…199
【る】累積効果（Cumulative effect）…63、115
　　　　ルフィニ小体（Ruffini's ending）…43
【れ】レム睡眠（REM sleep：Rapid eye movement sleep）…50
　　　　レーリー波（Rayleigh wave）…83、153
　　　　レーリーリッツ法（Rayleigh-Ritz method）…146
　　　　連結制振（Coupled vibration control）…156、173
　　　　連続振動（Continuous vibration）…39、117、122
【ろ】ローパスフィルタ（Low-pass filter）…106
【わ】ワイヤレスセンサネットワーク（Wireless sensor network）…104、189

❖著者略歴

後藤剛史

1966 年	法政大学工学部建設工学科建築専攻卒業
1969 年	法政大学大学院工学研究科修士課程修了
1976 年	工学博士(東京大学)
1978 年	法政大学助教授
1984 年	法政大学教授
1986〜1989 年	日本建築学会環境振動運営委員会主査
1989 年	日本建築学会霞が関ビル記念賞受賞
1999 年	日本建築学会賞(論文)受賞

濱本卓司

1975 年	早稲田大学理工学部建築学科卒業
1981 年	早稲田大学大学院理工学研究科博士課程修了
	工学博士(早稲田大学)
1990 年	武蔵工業大学助教授
1996 年	武蔵工業大学教授 (2009 年 東京都市大学に名称変更)
1999 年	日本建築学会賞(論文)受賞
2007〜2010 年	日本建築学会環境振動運営委員会主査

❖イラスト

藤田謙一

1993 年	武蔵工業大学工学部建築学科卒業
1995 年	武蔵工業大学大学院工学研究科修士課程修了
2004 年	工学博士(武蔵工業大学)
現在	エンジニアリング・イラストレーター

わかりやすい環境振動の知識

2013年3月10日　第1刷発行

著　者　　後藤　剛史
　　　　　濱本　卓司

発行者　　鹿島　光一

発行所　　鹿島出版会
　　　　　104-0028　東京都中央区八重洲2丁目5番14号
　　　　　Tel. 03 (6202) 5200　振替 00160-2-180883

落丁・乱丁本はお取替えいたします。
本書の無断複製(コピー)は著作権法上での例外を除き禁じられています。また、代行業者等に依頼してスキャンやデジタル化することは、たとえ個人や家庭内の利用を目的とする場合でも著作権法違反です。

装幀・DTP：ユーホー・クリエイト　　印刷・製本：壮光舎印刷
ⓒ Takeshi Goto & Takuji Hamamoto, 2013
ISBN 978-4-306-03369-6　C3052　　Printed in Japan

本書の内容に関するご意見・ご感想を下記までお寄せください。
URL：http://www.kajima-publishing.co.jp
E-mail：info@kajima-publishing.co.jp